解 读 地 球 密 码

丛书主编　孔庆友

文 房 之 宝

砚

Inkstone
The Treasures of the Study

本书主编　宋晓媚　张　震

山东科学技术出版社
·济南·

图书在版编目（CIP）数据

文房之宝——砚 / 宋晓媚，张震主编 . -- 济南：山东科学技术出版社，2016.6（2023.4 重印）
（解读地球密码）
ISBN 978-7-5331-8374-5

Ⅰ.①文… Ⅱ.①宋… ②张… Ⅲ.①砚－普及读物 Ⅳ.① TS951.2-49

中国版本图书馆 CIP 数据核字（2016）第 141412 号

丛书主编　孔庆友
本书主编　宋晓媚　张　震

文房之宝——砚

WENFANG ZHI BAO——YAN

责任编辑：梁天宏　孙觉韬
装帧设计：魏　然

主管单位：山东出版传媒股份有限公司
出 版 者：山东科学技术出版社
　　　　　地址：济南市市中区舜耕路 517 号
　　　　　邮编：250003　电话：（0531）82098088
　　　　　网址：www.lkj.com.cn
　　　　　电子邮件：sdkj@sdcbcm.com
发 行 者：山东科学技术出版社
　　　　　地址：济南市市中区舜耕路 517 号
　　　　　邮编：250003　电话：（0531）82098067
印 刷 者：三河市嵩川印刷有限公司
　　　　　地址：三河市杨庄镇肖庄子
　　　　　邮编：065200　电话：（0316）3650395

规格：16 开（185 mm×240 mm）
印张：9.75　字数：176 千
版次：2016 年 6 月第 1 版　印次：2023 年 4 月第 4 次印刷
定价：40.00 元

审图号：GS（2017）1091 号

普及地质科学知识

提高民族科学素质

李延栋

2016年元月

传播地学知识，弘扬科学精神，
践行绿色发展观，为建设
美好地球村而努力。

瞿裕生
2015年10月

贺　词

　　自然资源、自然环境、自然灾害，这些人类面临的重大课题都与地学密切相关，山东同仁编著的《解读地球密码》科普丛书以地学原理和地质事实科学、真实、通俗地回答了公众关心的问题。相信其出版对于普及地学知识，提高全民科学素质，具有重大意义，并将促进我国地学科普事业的发展。

国土资源部总工程师

　　编辑出版《解读地球密码》科普丛书，举行业之力，集众家之言，解地球之理，展齐鲁之貌，结地学之果，蔚为大观，实为壮举，必将广布社会，流传长远。人类只有一个地球，只有认识地球、热爱地球，才能保护地球、珍惜地球，使人地合一、时空长存、宇宙永昌、乾坤安宁。

山东省国土资源厅副厅长

编著者寄语

★ 地学是关于地球科学的学问。它是数、理、化、天、地、生、农、工、医九大学科之一，既是一门基础科学，也是一门应用科学。

★ 地球是我们的生存之地、衣食之源。地学与人类的生产生活和经济社会可持续发展紧密相连。

★ 以地学理论说清道理，以地质现象揭秘释惑，以地学领域广采博引，是本丛书最大的特色。

★ 普及地球科学知识，提高全民科学素质，突出科学性、知识性和趣味性，是编著者的应尽责任和共同愿望。

★ 本丛书参考了大量资料和网络信息，得到了诸作者、有关网站和单位的热情帮助和鼎力支持，在此一并表示由衷谢意！

科学指导

李廷栋 中国科学院院士、著名地质学家

翟裕生 中国科学院院士、著名矿床学家

编著委员会

主　　任	刘俭朴　李　琥
副 主 任	张庆坤　王桂鹏　徐军祥　刘祥元　武旭仁　屈绍东
	刘兴旺　杜长征　侯成桥　臧桂茂　刘圣刚　孟祥军
主　　编	孔庆友
副 主 编	张天祯　方宝明　于学峰　张鲁府　常允新　刘书才
编　　委	（以姓氏笔画为序）

卫　伟　王　经　王世进　王光信　王来明　王怀洪
王学尧　王德敬　方　明　方庆海　左晓敏　石业迎
冯克印　邢　锋　邢俊昊　曲延波　吕大炜　吕晓亮
朱友强　刘小琼　刘凤臣　刘洪亮　刘海泉　刘继太
刘瑞华　孙　斌　杜圣贤　李　壮　李大鹏　李玉章
李金镇　李香臣　李勇普　杨丽芝　吴国栋　宋志勇
宋明春　宋香锁　宋晓媚　张　峰　张　震　张永伟
张作金　张春池　张增奇　陈　军　陈　诚　陈国栋
范士彦　郑福华　赵　琳　赵书泉　郝兴中　郝言平
胡　戈　胡智勇　侯明兰　姜文娟　祝德成　姚春梅
贺　敬　徐　品　高树学　高善坤　郭加朋　郭宝奎
梁吉坡　董　强　韩代成　颜景生　潘拥军　戴广凯

编辑统筹	宋晓媚　左晓敏

目 录
CONTENTS

1

砚石的种类/22

据不完全统计，我国古今砚石有100余种，如今正在生产的砚石有50余种， 遍及22个省、4个自治区和2个直辖市。

Part 2 砚的制作与使用

石砚的制作/30

砚的加工制作工艺流程并不是很复杂，但每道工序却要求十分严格，都需要有丰富经验的专业人员才能完成。

澄泥砚的制作/33

澄泥砚是使用经过澄洗的细泥作为原料加工烧制而成，因此澄泥砚质地细腻，犹如婴儿皮肤一般，而且具有贮水不涸，历寒不冰，发墨而不损毫，可与石质佳砚相媲美的特点。

砚的使用与保养/37

砚，尤其是名砚，需要精心呵护，应当使用优质石墨研磨，避免劣质石墨中的大颗粒对砚台的磨损，并在使用后及时用清水冲洗干净。

Part 3 砚的鉴赏与评价

砚的质量/41

一方好砚必须具备的条件是石质密、润、滑、细，从而无粗糙感，要做到这一点，绿泥石板岩、绿泥石千枚岩最具这个条件，其次是含少量泥质的

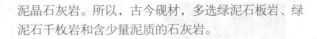

泥晶石灰岩。所以，古今砚材，多选绿泥石板岩、绿泥石千枚岩和含少量泥质的石灰岩。

砚的发墨原理/45

为什么有的砚下墨适中且发墨性好，为什么有的砚就不具备这种条件？上述种种问题都需要通过对砚石微观特征的研究，才能找出准确的答案。

砚的鉴定与评价/49

自古砚的价值体现为实用性和观赏性，且以实用为主。随着近代书法爱好者对砚的收藏，砚的艺术价值得到进一步提升，人们不仅要求其具备优良的质地，也要求艺术上的完美。

Part 4 砚的历史与文化

砚的历史沿革/54

各个时期砚具的发展，在阎家宪先生的《家宪藏砚》（下卷）中作了如下概括：新石器时期研磨器——磨盘磨棒，砚的初型。秦汉砚——秦风汉韵，威武庄重。魏晋南北朝砚——魏晋风尚，传祚无穷。隋唐砚——名石名砚，从此诞生。宋元砚——从宋到元，砚集大成。明清砚——帝王墨客，玩砚成风。民国砚——战乱频仍，坑废产停。现代砚——改革开放，又出高峰。

砚的雕刻艺术/58

砚之雕刻，尤其是石砚雕刻，往往与砚的制作工艺融为一体，不同的时代，往往有其独特的艺术特征。有了这种认识前提，我们便能抓住古砚的自身特点来考察不同时代的砚雕。

砚文化/62

从"研"到"砚"漫长的历史变迁中，砚文化凝就了独特的中华文化。每一方名砚都有极其丰富的文化链接。砚艺术是博大深远的知识海洋，凝聚着中国人的集体记忆和中华民族认同的千年密码。

Part 5 中国四大传统名砚

端砚/65

端砚，产于广东肇庆，声誉海外。端砚砚石，尤以老坑石最为名贵，有"端石一斤，价值千金"之说。

歙砚/81

歙砚，全称歙州砚，中国四大名砚之一，产于安徽黄山山脉与天目山、白际山之间的歙州，包括歙县、休宁、祁门、黟县、婺源等地。

洮砚/95

洮砚产于甘肃洮河，是宋神宗熙宁四年（公元1071年）王昭于征战中在洮河边发现的。洮砚始产于唐，兴盛于明、清，距今已有1300多年历史。

澄泥砚/106

澄泥砚是四大名砚中唯一非石质性砚台。顾名思义，砚为泥所制，而且是烧制。原产于山西绛州（今山西新绛）、泽州（今山西晋城）、虢州（今山西平陆与河南灵宝交界之地）一带。

山东传统名砚

鲁砚在古今砚谱和地方志记载的品种达18种之多，是以其品种丰富、特点鲜明、文化底蕴丰厚、石质细润、品位高尚而闻名，在砚林中占据重要地位，已被越来越多的砚台爱好者所重视和收藏。

近几年来，经山东省地质工作者和工艺美术工作者的不懈努力，发掘了不少优质砚石石材产地，使鲁砚由原来的十几个品种发展到目前的20余种，且各自形成谱系，驰名中外。

山东省砚石资源分布广泛，数量众多，其中尤其以红丝石砚、砣矶砚、燕子石砚、鲁柘澄泥砚最为有名。

地学知识窗

Part 1 砚石概述

硯是研墨和掭笔的用具，与笔、墨、纸合称文房四宝。好砚发墨好，不伤笔。好砚

须好石，石美，形更要美，再配以雕刻、镌画、铭文、钤印和命名等手法使之成为和谐

完美的一体，方可称得上美砚。

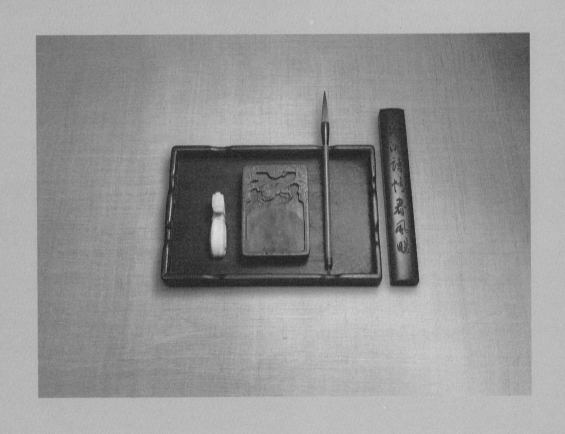

砚的基本概念

笔、墨、纸、砚被中国人称之为文房四宝，是中国独具特色的文书工具。文房之名，源于中国历史上南北朝时期（420年-589年），专指文人书房而言，以笔、墨、纸、砚为文房所使用，而被人们誉为"文房四宝"。五千年来，文房四宝是实现人们进行图文交流、发展和传承中华文化的基本工具。不可想象，如果没有文房四宝，今天中国的书画艺术将会是怎样的面目，众多光辉灿烂的典籍将会以怎样的形式流传至今。

在古代，文房四宝是缺一不可的书画工具，它们相互依存，共同发挥作用，无法区分孰轻孰重。在科技发达的今天，它们虽然已经淡出了人们的日常生活，但对书画爱好者来说，它们的地位不减当年，仍是传承中国书法艺术和国画技艺不可替代的工具。

——地学知识窗——

文房四宝

中国汉族传统文化中的文书工具，即笔、墨、纸、砚。文房四宝之名，起源于南北朝时期。历史上，"文房四宝"所指之物屡有变化。在南唐时，"文房四宝"特指宣城诸葛笔、徽州李廷圭墨、澄心堂纸、婺源（原属安徽徽州府，现属于江西）龙尾砚。自宋朝以来，"文房四宝"则特指湖笔（浙江省湖州）、徽墨（徽州，现安徽省歙县）、宣纸（现安徽省泾县，泾县古属宁国府，产纸以府治宣城为名）、洮砚（现甘肃省卓尼县）、端砚（现广东省肇庆，古称端州）、歙砚（现安徽省歙县）。宣城市是全国唯一的"文房四宝之乡"，生产宣纸（泾县）、宣笔（泾县/旌德）、徽墨（绩溪/旌德）、宣砚（旌德）。

如果按照现代人的评价观点，无疑应将文房四宝中的笔、墨、纸定为消耗品，唯有其中的砚，因其千古可存，可列为固定资产的行列。不仅如此，古砚本身能够如实地反映当时的制造技术、艺术水平和欣赏能力，它承载了中华民族厚重的文化底蕴，不仅有实用价值，同时具备欣赏和收藏价值，也具备历史研究价值。

所谓"砚"，不是见到石头就称之为"砚"，实际砚是由"研"字演变而来的，汉代刘熙写的《释名》中解释："砚者研也，可研墨使和濡也"。它是由原始社会的研磨器演变而来的。

古代的研磨器包括砚台和砚杵两部分。由于墨块的出现，砚杵失去了存在价值，只有砚台从古流传至今。

随着社会进步和文化的普及，人们对砚的要求越来越高，自秦汉、魏晋至唐代，各地相继发现适合制砚的石料，开始以岩石为原料制砚。其中采用广东端州的端石、安徽歙州的歙石及甘肃临洮的洮河石制作的砚，被分别称作端砚、歙砚、洮砚。史书将端、歙、洮砚称作三大名砚。后来，又将澄泥砚与端、歙、洮并列为中国四大名砚。

普通实用性砚的砚体（图1-1）主要由以下几个部分构成：

砚堂：指磨墨的位置，是砚的核心部位。

砚池：是砚的低洼之处，用来存积清水或墨汁，其面积可大可小。

砚额：砚的上部较其他三边更宽的部位。砚额是展示砚台雕刻水平的重要部位，主要图案和纹饰一般都安排在此处。

砚边：砚堂周围略高的边缘带，它像围栏一样形成砚的轮廓，起蓄水和蓄贮墨汁的作用。

▲ 图1-1 砚台的形体构成

历史上，砚有很多别称，举例如下。

一曰即墨侯。唐朝文嵩以砚拟人，作《即墨侯石虚中传》，称砚姓石，名虚中，字居默，封"即墨侯"。从此人们便称砚为"即墨侯"。如宋朝王迈的《除夜洗砚》诗："多谢吾家即墨侯，朝濡暮染富春秋。"

二曰万石君。宋朝苏轼作《万石君罗文传》，以他优美的文笔，给产于婺源龙尾山的"罗文砚"（歙砚的一个品种）写了一篇传记。说"罗文"，歙人也，其上世常隐龙尾山；并说"罗文"因助成文治，厥功茂焉"封万石君"。"万石君"的名字从此传开。

三曰瓦砚，亦称砚瓦，俗称瓦头砚。唐以前除石砚、瓷砚外，就是陶砚。澄泥砚是陶砚的进步。唐朝韩愈在《瘞砚文》中讲的"土乎成质，陶乎成器"就是指澄泥砚。秦汉时建筑宫殿用的砖瓦，多采用澄泥制法，后来有人用这些砖瓦改制为砚。正像唐朝吴融《古砚瓦赋》中描述的："无谓乎柔而无刚，土埏而为瓦；勿谓乎废而不用，瓦断而为砚"。还有一说："砚瓦者，唐人语也，非谓以瓦为砚，盖砚之中必隆起如瓦状，以不留墨为贵。"

四曰陶泓。唐朝韩愈作《毛颖传》，称砚为陶泓，陶泓指的也是砖瓦砚。唐宋时，尽管著名的端石、歙石、红丝石以及洮石等相继出现，用这些石料做成的砚开始流行，但砚石开采、制作仍受种种条件限制。瓷陶砚便于生产，所以瓷陶砚在当时仍多于石砚。在称呼的习惯上，总是把砚和陶瓦联系起来，即使是石砚有些地方也叫砚瓦。

五曰砚台。把砚称为砚台，可以说是对砚的一种通称。唐朝司空图的诗句："夕阳照个新红叶，似要题诗落砚台。"

六曰石友。过去的人都把书斋和客座中的各种珍品以友相看。砚被称为石友。宋朝王炎有诗云："剡溪来楮生，歙穴会石友。"楮生指的是纸，石友指的就是砚。

七曰砚田。宋朝戴复古有句诗叫"以文为业砚为田"，讲的就是旧时读书人以文墨为生计，因将砚台比作田地。宋朝苏轼诗："我生无田食破砚，尔来砚枯磨不出。"

八曰砚池。有种凹形砚称作砚池。晋傅玄《砚赋》云："芦方圆以定形，锻金铁而为池。"说的就是这种砚。砚池，也指砚端的蓄水池。

九曰砚山。依石天然形状凿为砚，刻石为山，叫作砚山。明高谦《遵生八牋》谓："砚山始自米南宫，以南唐宝石为之，图载《辍耕录》，后即效之。"如天津市艺术博物馆，藏有清人阮元旧藏仿元人清溪钓艇小景端石砚山即是。

十曰墨海。宋朝苏易简的《文房四谱》载：传说黄帝得一玉，琢为墨海，并帝鸿氏之砚于其上。宋朝程俱《谢人惠砚》诗："帝鸿墨海世不见，近爱端溪青紫砚。"刊入清朝高凤翰《砚史》那方题铭"墨乡磅礴，天空海阔"大瀛海澄泥砚，即是墨海的典型形制。墨海也指大墨盆。清朝翟灏《通俗编》讲："今书大字用墨多，则以瓦盆磨之，谓其盆曰墨海。"

砚还有许多陌生的称谓，如清朝王继香在他的《醉庵砚铭》中写道："昔人号砚曰润色先生、曰岩屋上人、曰铁面尚书，余独取其静而真也，谥之曰静真先生。"这样计算起来，砚竟有十多种称谓。其中有一些可能许多人闻所未闻。其实像"润色先生"，早在唐代女诗人薛涛写的《四友赞》里，就有"磨润色先生之腹"的提法了。

砚的用途和种类

一、砚的基本用途

砚的基本用途是用于研墨，盛放磨好的墨汁和掭笔。

研墨是在墨堂内放上清水，用墨锭在墨堂内研墨，以磨制出符合书画要求的墨汁。如果你练过书法的话，一定有这样的经验：将毛笔蘸上墨汁后，要在砚台上轻轻地理顺笔毛，同时除去多余的墨汁。这个动作就叫"掭笔"（图1-2）。一般情况下墨堂内存储墨汁，砚池内存积清水，当墨汁浓度较大时，先蘸一点墨池内的积水，然后掭笔，以使墨的浓度适中。

上述用途就是砚的基本功能，人们称之为砚的实用功能。仅仅为完成上述功能的砚称之为实用砚。

▲ 图1-2 掭笔

二、砚的种类

由于砚与文人日日相伴，情同手足，甚至产生迷恋，所以，随着社会的进步，人们审美观念的提高及砚石质地的可能实现，促使砚由单纯的实用功能向观赏功能拓展，这种现象导致了砚的种类繁多，真可谓琳琅满目。若要对砚进行具体描述，必须对其进行分类。

1. 按用途分类

唐宋时期，砚能完成其实用功能就基本可以了，对砚的装饰性要求不高。随着社会的进步，砚的装饰性能也随之提高，使得砚具备了实用和观赏双重功能。当今正值盛世，社会稳定，收藏兴盛，出现了一些艺术价值远远高于使用价值的砚，人们称之为观赏砚，使砚由实用品逐渐转化为艺术品，进一步拓宽了砚的用途。时至今日，砚的用途大致可分为以下5种：

（1）作为实用：是以实用为目的的砚。一般说来，名家书画作品精细，讲究气韵，对墨汁的质量要求较高，所以用砚比较考究，往往是品种名贵、质地较佳、设计豪华、雕工讲究，砚的价格也较高。学生以学习为目的，作品不可能太精细，对砚的质量要求也不应太高，用质地一般、造型简单、装饰收敛、价格便宜的一般砚即可。

（2）作为礼品：砚是中国具有特色的礼品之一，特别是出访日本、韩国及东南亚等国家时，是比较理想的馈赠品。选作国家礼品级的砚，往往是名砚石、名家制作，其造型美观大方，精雕细刻，代表国家的艺术水平，具有较高的观赏价值。

中国人认为，朋友结婚馈赠墨和砚，是祝愿新婚夫妇的情谊如胶似漆浓如墨，而且越磨越好，相依相偎，共同写下美好的篇章，绘出美丽的蓝图。

（3）用于观赏：观赏砚（图1-3）是以观赏和收藏为目的的砚，其实用价值较低，但对材质和构图意义及雕工表现要求较高，具有较高的艺术品位和收藏价值。如宋端石101砚，具有101个石眼，乾隆帝称赞曰"松烟染瀚批简尺，百恐一失凛君德"；1986年《人民日报》报道，重达265千克的"中国名胜百龙砚"正中雕中华人民共和国版图，刻有全国各地名胜古迹，100条巨龙在云涛雾海中游嬉，堪称砚之佳作。

▲ 图1-3 观赏砚

（4）用作收藏：当今之世，砚由实用品向工艺美术品转化，再加上名砚石资源稀缺，名砚升值空间大，具备收藏价值。1996年第4期《中国文房四宝》载，1996年秋，中国嘉德周末拍卖会上，肇庆老坑的松鹤延年端砚（39厘米×29厘米×2厘米）、龙凤呈祥端砚（51厘米×30厘米×5厘米）在日本市场上标价分别为人民币13万元、58万元，真可谓砚值万金。

（5）博物馆及收藏家作为陈列品和传统艺术研究之用。

对砚实施精雕细刻，使其增加文化承载能力，是艺术繁荣的一种表现。

有位网友发了一个帖子，大致意思是：看了好多砚台，发现一个问题：现在砚台的雕刻技术十分发达，砚台的雕刻也越来越烦琐、精致！雕花部位比砚堂大的也越来越多！那么砚台产生的功用是什么？是以欣赏为主？还是以功用为主？在砚台的评判中，雕刻占多大的分量？砚的实际功用又占多大的分量？现在看着那么多砚台，发现本末倒置的情况十分严重！正如安健先生撰写、逍遥道人转帖的《歙砚批判》一文中指出的，现在的砚台越来越多地失去它原有的作用了，不知有多少人还在用砚台研墨，动辄数万的砚台买回去用过吗？似乎很少，恰如娶了一个美娇娘，却是天天让她端坐在那里看着，这是什么逻辑呢？或许这个比方并不是很恰当！但或许有那么点意思，希望各位师友能给我解答一下我的疑惑！谢谢啦！

我们将这位网友的感慨作为对观赏砚的描述吧。如果问题还没有说明白的话，你就看看灯吧。灯是照明用的，中国在20世纪60年代用的是煤油灯，而现在的灯是什么样子就不容易描述了。

鉴于上述介绍，我们不难看出，砚可分为实用砚和观赏砚两大类，但其间不乏观赏和实用功能并举的砚，即观赏—实用砚。唐宋时期以实用砚为主，明清时期出现了众多的观赏—实用砚（图1-4）。由于当代属电子时代，砚的实用功能退化，观赏功能提高，所以市场上出现的砚以观赏砚和观赏—实用砚为主导。

▲ 图1-4　观赏—实用砚

2. 按材质分类

按材质，砚可分为澄泥砚和石砚两大类。澄泥砚是用泥土烧成的砚，根据产地可分为绛州澄泥砚、虢州澄泥砚、鲁柘澄泥砚等等。石质砚是用天然石材雕刻而成的砚，按照产地及石质特征，又分为端砚、歙砚、洮河砚、鲁砚、乌金砚、灵岩石砚、开化石砚、大沽石砚、沉州石砚、溪石砚、紫金石砚等，精选也有几十个品种，全部统计则在百种以上。根据吕麟素1997年统计，我国砚石有120余种。

3. 按形制分类

砚的形制是指砚的款式和形状。砚的形制具有历史特征，古代砚形制简单，近代砚形制复杂。

按形制划分，可将砚分为：足支形砚、凤字砚、箕形砚、暖砚、抄手砚、太史砚、辟雍砚、扁形砚等。各款式砚的特征在下一节作详细介绍。

砚的基本形制

我国制砚的历史久远，可以追溯到原始社会，其历史的悠久性和代代的延续性是其他常用工具无法比拟的，它像生物进化一样，随着时间的推移而日臻完善，砚的种类也随之丰富。

远古时期，由于生产力极其落后，我们现在对其称谓的砚台，实际是满足对颜料进行研磨的石头。到春秋时期砚台制作基本成型，到汉代砚台基本普及，随之而来的是砚台种类也越来越多。

形制是砚品时代特征的集中体现，是当时人们审美追求、社会习俗、制造水平和地域特色的综合反映，也是我们对古代艺术品实施时代判定的主要依据。

在砚的形成初期，形状极为简单：选取一块大小厚薄适中、较为平坦且质地细密、不易吸水的石块作为"台"，再选取一块大小适中、便于拿捏、底部较平（不平也没关系，稍稍磨一下就可以了）的小石块作"研"，成套的研磨工具就制成了。如果拿来给现代人用，会感到非常寒酸，但在考古者眼里，却是价值无限。

自西汉初期开始，人们开始对"砚"进行美化，磨制成圆柱体，有的还刻画弦纹作装饰，如广州市南越王墓博物馆馆藏汉代石砚。再后来，人们将"砚"磨制成圆饼状，成为真正意义上的"作品"。

西汉时期，砚的发展逐渐成熟，出现了受到人们认可的形状，如足支形类（图1-5）、抄手形类、随形类等形状。到宋代，制砚达到历史的高峰，砚的形制基本成熟。

1. 足支形砚

足支形砚是指以足为支撑的砚，流行于盛唐之前，有三足型和圈足型。

三足形：是足支形砚最早的表现形式，主要流行于两汉时期。

圈足形：圈足形又称多足形，一圈都有足，砚面多作圆形，砚足围圆周而立。圈足形砚是在三足形砚的基础上演化而来的。

▲ 图1-5　汉代足支形砚

2. 凤字砚

凤字砚也称"凤池砚"或"凤凰池"，其外形如汉字的"凤"字，上略窄、下较宽，尾部有两足，砚面即为渚池（图1-6）。此砚式始于晋代。米芾《砚史》曾谓晋代顾恺之画中有"如凤字两足"之砚，称"凤凰池"。今人有收得右军砚，其形制与晋图画同，"头狭四寸许，下阔六寸许，顶两纯皆绰慢，下不勒成痕，外如内之制，足狭长。"

▲ 图1-6　唐代凤字砚

3. 箕形砚

顾名思义，砚型像簸箕，砚堂深。前首稍狭而俯，后尾稍阔而翘，砚面斜凿淌池，砚底两侧留跗足，体式平稳，线条畅达，是足支形砚在唐代经改进而出现的新的砚形，也是从前代的风字砚发展而来。是十分典型的唐代体制（图1-7）。

▲ 图1-7 唐九江石箕形砚

▲ 图1-8 暖砚

4. 暖砚

清代北方盛行一种以多种砚材制成的暖砚，顾名思义这是为了防止冬季墨汁冰冻而制成的（图1-8）。暖砚的形状很多，既有圆形，也有方形，还有其他形状。就材质而论，有瓷质、陶质和石质等。常见的是以歙石和松花江绿石做的暖砚，端石较少。

暖砚有两种形式，一种是在墨堂下凿出空腔，灌注烫水于内，使砚面的温度升高；另一种是在砚面之下设置底座，一般用金属制成砚匣，置炭火提高砚面温度。为了利于加温和保温，暖砚的厚度一般较大。

5. 抄手砚

所谓抄手是可以用手抄砚底，便于拿取。呈长方形，砚面平正，砚首深凿横条状墨池，砚体较厚，砚背由尾向首部斜下而凿，左右侧留两跗足，形成砚尾下方中空，适合插手拿取，故称"抄手"（图1-9）。此砚式流行于宋代，颇有端庄肃穆、四平八稳之态，为典型的宋砚体式。此砚式是从前代的箕形砚演变而来。

▲ 图1-9 宋代抄手砚

6. 太史砚

呈长方形,外状与抄手砚相仿,但高度比例特别突兀显著,砚底两跗高踞挺立。从砚侧面视之犹如几案,令人联想古代"太史"临案作书的情景,遂称此名。此砚式也流行于宋代(图1-10,图1-11)。

▲ 图1-10 太史端砚

▲ 图1-11 太史洮砚

7. 辟雍砚

在陶、瓷砚的发展史上,辟雍砚是颇为独特的一种造型。辟雍是古代天子讲学的地方。《礼制·王制》记载:"大学在郊,天子曰辟雍,诸侯曰类宫"。东汉蔡邕的《明堂丹令论》中解释为:"取其四面环水,园如壁"。后世遂名壁雍"。南北朝、隋唐的陶瓷工匠们,模仿辟雍设计出的辟雍砚,是极富观赏价值的艺术珍品。魏晋南北朝时期,由于制瓷业的迅速发展,陶瓷砚大量涌现,其中以一种造型为带足圆盘的瓷砚最为流行,这也是隋唐时期辟雍砚的前身。魏晋时期多流行三足或四足的青瓷圆盘砚,南北朝变化为五足到十足不等的珠足砚,到了隋唐时期,发展出了圆形多足的辟雍砚。

辟雍砚是一种汉族传统手工艺品。它的砚面居中,砚堂与墨池相连,砚台中心高高隆起,砚台四周留有深槽储水,以便书画家润笔蘸墨之用,显示出它的实用功能。砚的下部用为数众多的珠足承托，足部明显突出，往往还有纹饰。辟雍砚造型独特，显示出制作者的独具匠心（图1-12）。

方形砚和长方砚是最常见的式样，同圆形砚一样，要有好的雕工，质料上乘，刻有年份的更有收藏价值。长方形砚中有涴池砚、门字砚和长方砚。

（2）动物形：是仿照动物的体态制作的砚台。常见有蟾蜍砚、蝙蝠砚、蜘蛛砚、龟形砚等。多见出于陶砚一类，并附有盖。

蟾蜍砚是以蟾蜍为题材制砚，是因为蟾蜍、桂树同为月亮中的神物，而"折桂""步蟾宫"是古时形容科举高中的常用吉语。于是，这个长着硕大的阔嘴巴、瞪着暴突的小眼睛、满身疙瘩、奇丑无比的家伙神气活现地爬上了书桌，背负起了用砚人对金榜题名的希冀（图1-14）。

图1-12　辟雍砚

8. 扁形砚

扁形砚指砚体的高度远远小于其长度和宽度，故称扁形砚。扁形类的砚台种类繁多，大致可分为几何形、仿生形、植物形和随意形。

（1）几何形：几何形包括圆形、椭圆形、方形、长方形、六棱形、八棱形等。

圆形砚也称圆砚，墨堂较高，砚池环绕四周（图1-13）。

△ 图1-14 蟾蜍砚

孔雀砚依照孔雀开屏的姿态，选用上等的有石眼的端石制作。蟹砚又称横行君子砚，也有将荷叶与蟹雕刻在一起的，称为荷叶君子砚。鱼砚，特别是双鱼砚大多用歙州砚石制作。除此以外，还有蝉砚、鹅砚（多用歙州石制作）、鲤鱼砚、牛砚、猫砚（多用端溪石制作，在表现猫眼上下功夫）、贝壳砚（又称蛤蚧砚、螺砚）等等。

（3）植物形：用植物作为刻砚主题的不少，如竹节砚（图1-15）、焦叶砚、荷叶砚、柑橘砚、桃砚（蟠桃砚、核桃砚）、瓜样砚、松皮砚、蘑菇砚、灵芝砚、荔枝砚、苦瓜砚、樱桃砚等。

△ 图1-15 竹节砚

（4）纹样形：将花纹刻在砚边、砚的表面或砚背面的称为纹样砚。有夔凤纹、夔龙纹、云龙纹和动物花卉图纹等。

（5）器物形：器形砚是指砚的外形采用常见的一些器物的形状，如瓶形、壶形、几形、钟形、书卷形、斧形、凤池形、石鼓形、圭形、提梁形、瓦形、山形、琴形、鼎形和琵琶形（图1-16）等。

△ 图1-16 琵琶形砚

（6）典故砚和随意形砚：典故砚是根据历史典故或传说故事雕刻的砚，如八仙过海砚。

随意形砚（异形砚）是根据材质的不规则形状设计制作的砚。此种砚不在乎砚的轮廓外形，而是依据砚材的纹理进行画面的创作设计和雕琢。随意形是纯艺术性的工艺品，又是高雅的收藏品（图1-17）。

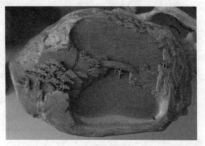

△ 图1-17 随意形砚

中国砚石资源

世界上仅有中国、日本、朝鲜等几个国家生产砚石。中国盛产砚石，且其产量最大、质量最佳、工艺最精。据吕麟素1997年统计，我国古今砚石有120余种，遍及21个省、4个自治区和2个直辖市。我国砚石主要集中于华东、华南和西南三大区，其次是西北、华北和东北三大区及台湾省。

我国目前正在开采的砚石有58种，约占砚石品种的48%。华东地区有28种，以歙石、龙尾石和红丝石最为著名；华南地区有8种，以端石和天坛石最为名贵，而方城石是后起之秀；西南地区有9种，以苴却石最佳；西北地区有6种，以洮河石、贺兰石和嘉峪石最为出名；东北地区有松花石1种；台湾地区的螺溪石正在开采利用。

中国砚石分布见图1-18及表1-1。

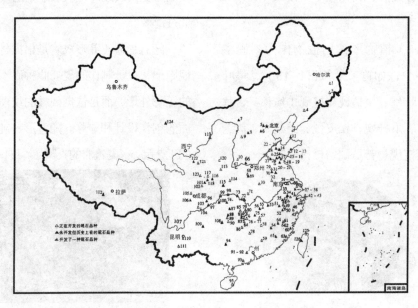

图1-18 中国古今砚石资源分布示意图

表1-1 中国古今砚石一览表

编号	砚石名称	产地	岩性	含矿岩层
1-4 [4, #]	松花石*	（黑）宁安；（吉）安图、白山市；（辽）本溪	微晶灰岩、含铁泥灰岩	震旦纪南芬组
5	潭拓紫石*	（京）西山	含红柱石铁泥质板岩	二叠纪红庙岭组
6	易水石（乌金石）*	（冀）易县	黑色含黄铁矿板岩	
7	斑马石*	（蒙）	条纹状白云质灰岩	奥陶纪马家沟组
8	五台文山石*	（晋）五台、原平	紫、黑、绿色板岩	元古代滹沱群
9	紫石	（晋）静乐	紫色板岩	
10	角石（绛州石）	（晋）新绛	灰白色含生物化石灰岩	
11	陀矶石*	（鲁）长岛	含白钛矿硬绿泥千枚岩	震旦纪蓬莱群豹山口组
12、13	田横石*；温石	（鲁）即墨；莱芜或即墨	粉砂质泥岩；含泥质微晶灰岩	侏罗纪莱阳组；奥陶纪冶里组或白垩纪青山组
14	红丝石*	（鲁）青州	红刷丝纹微晶灰岩	奥陶纪马家沟组
15、16	龟石*；紫金石	（鲁）临朐	泥质灰岩；泥岩或泥板岩	寒武纪徐庄组
17	徐公石*	（鲁）沂南	含粉砂质微晶灰岩	震旦纪佟家庄组
18	浮莱山石*	（鲁）莒县	含粉砂质微晶灰岩	震旦纪佟家庄组
19	紫丝石	（鲁）莒县、莒南	紫丝绢云绿泥千枚岩	元古代坪上组、洙边组
20、21	金星石*；薛南山石*	（鲁）临沂与费县交界处；兰陵	黄铁矿灰岩及含灰岩结核灰岩；泥质灰岩	寒武纪张夏组
22、23	缁石*；金雀石*	（鲁）淄博	黑色含粉砂质泥灰岩；砖红或黄褐色泥质灰岩	石炭纪太原组；寒武纪崮山组和长山组

（续表）

编号	砚石名称	产地	岩性	含矿岩层
24	紫檀石	（鲁）泰安、肥城、长清	紫色含泥质灰岩	寒武纪徐庄组
25	燕子石（蝙蝠石）*	（鲁）泰安、莱芜、沂源、费县	含三叶虫泥灰岩	寒武纪崮山组
26	榴石	（鲁）枣庄	黑色泥质灰岩	寒武纪崮山组
27	尼山石*	（鲁）曲阜	具"松花纹"泥质灰岩	寒武纪徐庄组
28	鹤山石	（鲁）宁阳	砖红色含铁粉砂质灰岩	寒武纪馒头组
29	紫石	（皖）萧县	含白云母泥板岩	石炭纪本溪组
30	乐石（宿石）*	（皖）宿州	黑色含云微晶灰岩	震旦纪魏集组
31	磐山石（灵璧玉）*	（皖）安徽省灵璧县	紫红叠层石灰岩	震旦纪魏集组
32	寿春石（紫金石）	（皖）寿县	紫色含黄铁矿板岩	
33	宣石	（皖）宣州		
34	紫云石*	皖浙交界处天目山	含黄铁矿粉砂绢云板岩	震旦纪宿县群、徐淮群
35	歙石*	（皖）歙县、休宁、祁门、黟县	云母质板岩至千枚岩	元古代上溪群
36	宛山石	（苏）常熟		
37、38	（苏州褐黄石、太湖石）*；漱口石	（苏）苏州；吴县	深灰至黑灰绿色泥板岩；含粉砂泥板岩	二叠纪堰桥组；二叠纪龙潭组
39、40	排衙石；黄山石	（苏）镇江		
41	临安石	（浙）临安	紫色含粉砂板岩	震旦系

（续表）

编号	砚石名称	产地	岩性	含矿岩层
42、43	越石*；绍兴石	（浙）绍兴	安山质凝灰岩；凝灰质板岩	元古代双溪坞群；白垩系
44	明石（奉化石）	（浙）奉化		
45	华严石（永嘉石）	（浙）永嘉		
46	紫石	（浙）丽水		
47	青溪龙石（海瑞砚石）*	（浙）淳安	含黄铁矿的粉砂质板岩	奥陶纪
48	开化石	（浙）开化	黑色板岩	
49	常山石	（浙）常山	黑色板岩	
50	西砚石*	（浙）江山	酱紫色钙质泥岩	奥陶纪黄泥岗组
51	龙尾石（婺源石）*	（赣）婺源	粉砂质板岩	元古代双桥山群
52	罗纹石（玉山石）*	（赣）玉山	具罗纹的粉砂质泥板岩	元古代上墅群
53	金星宋石（星子石）*	（赣）星子	深灰色含黄铁矿泥板岩	元古代双桥山群
54	石城石（花蕊石）*	（赣）石城	粉砂质绿泥绢云板岩	
55	武宁石	（赣）武宁		
56	贡砚石（赭石）*	（赣）修水	绢云母板岩、粉砂质凝灰质板岩	元古代双桥山群
57	分宜石（袁州石）	（赣）分宜		

（续表）

编号	砚石名称	产地	岩性	含矿岩层
58	紫金石（吉州石）	（赣）吉安	含黄铁矿泥岩或泥板岩	
59	南安石	（赣）大余		
60	寿山石*	（闽）福州	含叶蜡石的地开石岩	侏罗纪南园组
61	建州石（建溪暗淡石）	（闽）建瓯	深紫色板岩	
62	南剑石（鲁水石）	（闽）南平	青灰色凝灰岩	
63	南安石	（闽）南安		
64	闽石*	（闽）将乐	粉砂质泥岩	
65	龙岩石*	（闽）龙岩	粉砂质泥岩	二叠纪文笔山组
66	天坛石（盘谷石）*	（豫）济源	钙质泥板岩	寒武纪徐庄组
67	稠桑石	（豫）灵宝		
68	紫石	（豫）鲁山		
69	方城石（唐石、黄石）*	（豫）方城	含铁质或炭质的泥质板岩	寒武系
70	蔡州白石（息县玉）	（豫）息县	白色细粒大理岩	奥陶系
71	京山石（雪方池石）	（豫）京山		
72	荆石	（鄂）江陵		
73	大沱石（归石、冰河石）	（鄂）秭归、枝江	青黑色斑纹状板岩	震旦纪南沱组

（续表）

编号	砚石名称	产地	岩性	含矿岩层
74、75	菊花石*	（鄂）宣恩；（湘）浏阳	含菊花石灰岩或泥灰岩	二叠纪栖霞组
76、77	圭峰石（谭州石）；谷山石	（湘）长沙	青色板岩；绿色板岩	
78	郴州石	（湘）郴州		
79	沅州石	（湘）沅江	黑色板岩	
80	益阳石	（湘）益阳		
81	桃江石	（湘）桃江	青灰色粉砂质泥板岩	元古代冷家溪群
82	龙牙石	（湘）宁乡		
83	湘乡石	（湘）湘乡		
84	双峰石	（湘）双峰	粉砂质泥板岩	元古代板溪群
85	彝望溪石（辰州石）	（湘）桃园		
86	祁阳石	（湘）祁阳	绿色板岩	奥陶系
87	三叶虫石*	（湘）永顺	含三叶虫灰岩	寒武系
88	水冲石*	（湘）吉首		
89	凤凰石	（湘）凤凰	紫、黑色泥板岩	
90	绿沉石（沅石）	（湘）芷江	紫带绿袍含黄铁矿泥板岩	
91、92	端石*；小湘石	（粤）肇庆	水云母质板岩或凝灰岩；未知	泥盆纪桂头组；未知
93	恩平石	（粤）恩平		

（续表）

编号	砚石名称	产地	岩性	含矿岩层
94	柳石（叠书石）*	（桂）柳州	含生物碎屑的白云炭质板岩	
95	万州石	（琼）万宁	黑色泥板岩	
96	嘉陵峡石*	（渝）合川		
97	北泉石（小三峡石）*	（渝）北温		
98	黔石（夔州黔石）	（川）奉节		
99	万石（悬崖金星石）	（川）万州		
100	石柱金音石*	（川）石柱		
101	白花石*	（川）广元	具白色纹层的泥岩或灰岩	
102	黎渊石	（川）剑阁		
103	紫石	（川）富顺		
104	泸石	（川）泸州		
105	龙溪石	（川）都江堰		
106	蒲石*	（川）蒲江		
107	苴却石（金沙石）*	（川）攀枝花、会理	紫黑色白云绿泥绢云母板岩	震旦纪观音崖组
108	思州石（岑巩石）*	（贵）岑巩	粉砂质炭质水云母泥板岩	寒武纪明心寺组
109	织金石（晶墨玉）*	（贵）织金	青、红色生物灰岩	

（续表）

编号	砚石名称	产地	岩性	含矿岩层
110	金星石	（云）宜良		
111	石屏石	（云）石屏		
112	仁布石（仁布玉）*	（藏）仁布	镁绿泥板岩	
113	兴平石	（陕）兴平		
114	白河石	（陕）白河		
115	岚皋石*	（陕）岚皋	黑色炭质板岩	寒武系
116	金星石*	（陕）南郑	含黄铁矿岩石	
117	状元石	（陕）略阳	青白色板岩	
118	菊花石*	（陕）宁强		
119	贺兰石*	（宁）银川	灰绿、紫红相间的粉砂质板岩	震旦纪上城组
120	宁石	（甘）宁县		
121	通远石	（甘）陇西	含化石的岩石	
122	洮河石*	（甘）卓尼、临潭、临洮	含叶绿泥石板岩	石炭纪下统
123	云石	（甘）武都		
124	嘉峪石*	（甘）嘉峪关	泥板岩	奥陶纪阴沟群
125	福德石	（台）台北		
126	螺溪石*	（台）彰化	暗褐色含黄铁岩石	

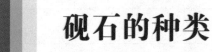

砚石的种类

砚石是指用作雕琢石砚的天然石材。当今，砚石作为一种特殊非金属矿产，跻身于珠宝玉石行列。

根据考古发掘、传世品、史料记载及当今生产的砚石品种粗略统计，我国的砚石品种按岩性分主要为两大类：变质岩类和沉积岩类。变质岩类砚石主要为低级区域变质作用形成的板岩、千枚岩等，其次还有大理岩、含叶蜡石的地开石岩等，数量较少，不占主导地位；沉积岩类主要为薄层泥晶灰岩及含泥质的薄层泥晶灰岩，其次也有凝灰岩、泥岩等，为数不多。凝灰岩仅见于福建南平的剑南石（鲁水石），粉砂质泥岩仅见于福建的将乐、龙岩的闽石和龙岩石，细粒大理岩仅见于河南省息县蔡州白石（息县玉）。另外，制砚的材料除原石之外，澄泥砚的基本原料是河床淤泥及强风化后的泥岩（如鲁柘澄泥砚）。

一、变质岩类砚石

板岩由黏土质、粉砂黏土质沉积岩或凝灰质沉积岩石，经轻微的区域变质作

——地学知识窗——

区域变质作用

区域变质作用是指在温度和压力区域性增高的影响下，固体岩石受到改造时的成岩过程。它是由区域性的构造运动和岩浆活动引起的。区域变质作用形成的岩石常呈大面积或带状分布，长数百至上千千米，宽数十至上百千米。常见的区域变质岩有板岩、千枚岩、片岩、片麻岩、麻粒岩等，其中板岩、千枚岩变质程度最浅，原岩成分变化不大，外来物质加入甚少，仅发生局部重结晶，矿物颗粒细小，但定向排列比较明显。麻粒岩变质程度最深，原岩物质成分进行了重新组合，并有外来物质加入，矿物颗粒也较粗。

用形成的。一般呈暗绿色、暗红色、青色、黑色或灰黑色。岩性致密，板状劈理发育，敲碎后呈薄板状，板面上常有少量绢云母等矿物，使板面微显绢丝光泽。没有明显的重结晶现象。显微镜下可见一些分布不均匀的石英、绢云母、绿泥石等矿物晶体，但大部分为隐晶质的黏土矿物及碳质、铁质粉末。具变余结构和斑点状构造。常见类型有碳质板岩、钙质板岩、黑色板岩等；也可根据岩石的其他特点，如矿物成分、结构构造等，分为斑点状板岩、粉砂质板岩、铁质板岩、炭质板岩、硅板岩等。板岩广泛分布于低温区域变质作用的岩系中，如中国北方早元古宙滹沱群的豆村板岩，南方中晚元古宙的板溪群、昆阳群等也有大量分布。板岩可作建筑石材，质优者用作砚石。绿色板岩一般含较高的绿泥石，红色板岩的呈色物质多为三价铁。

千枚岩是具有千枚状构造的低级区域变质岩石，原岩通常为泥质岩石（或含硅质、钙质、炭质的泥质岩）、粉砂岩及中、酸性凝灰岩等，经区域低温变质作用形成的。显微变晶结构，片理较发育，片理面上呈绢丝光泽。变质程度介于板岩和片岩之间。典型的矿物组合为绢云母、绿泥石和石英，可含少量长石及碳质、铁质

——地学知识窗——

变质岩

三大岩类的一种，是由变质作用所形成的岩石。在变质作用条件下，使地壳中已经存在的岩石（岩浆岩、沉积岩及先前已形成的变质岩）变成具有新的矿物组合及变质结构构造特征的岩石。

等物质。有时还有少量方解石、雏晶黑云母、黑硬绿泥石或锰铝榴石等变斑晶。因原岩类型不同，矿物组合也有所不同，从而形成不同类型的千枚岩。如黏土岩可形成硬绿泥石千枚岩；粉砂岩可形成石英千枚岩；酸性凝灰岩可形成绢云母千枚岩；中基性凝灰岩可形成绿泥石千枚岩等。千枚岩可按其颜色、特征矿物、杂质组分及主要鳞片状矿物，进一步划分为绢云千枚岩、绿泥千枚岩、石英千枚岩、钙质千枚岩、炭质千枚岩等等。

板岩和千枚岩属低变质相的产物，变质作用以动力作用为主导，所以形成与压应力方向垂直的板理、片理或劈理，锤击时极易沿板理、片理或劈理裂开而呈薄

板状。变质过程中原岩物质可进行重新分配，形成新的变质矿物，如绿泥石、水云母等，一般很少有外来物质加入。

前已述及，板岩和千枚岩的原岩是沉积岩。沉积岩的一个重要特点是垂直方向上的物质变化远远大于水平方向的物质变化。水平方向上可以在几米、几十米、几百米甚至几千米变化不大，但在垂直方向上，1毫米的区间内可能有几次甚至几十次的成分交替，而形成岩石中垂直层面的纹理。原岩在变质过程中，这些纹理很可能发生弯曲，所以在平行于层理（板理、片理、劈理）的磨光面上，可出现不同的花纹。原岩中的结核或变质过程中形成的矿物聚集体，在岩石的切面上可出现石眼。在表生条件下，岩石中的结核、矿物聚集体的物质向外扩散，就可能形成砚石面上的彩晕。

板岩、千枚岩中的板理、片理和劈理是岩石中的薄弱面，变质过程中产生的变生热液，有可能在此处与岩石发生作用，而使岩石沿这些薄弱面出现物质成分的变化，宏观上则表现为颜色的变化。另外，变质岩形成后在接近地表的条件下，地下水沿上述薄弱面运移，同样会发生物质交换，宏观上也表现为颜色的变化。这些与原岩不同的颜色可能成为砚石的瑕疵，也可能具有较高的艺术价值。

由于板岩、千枚岩颜色厚重而温和、结构细腻、内部变化和谐，故称为砚的首选材料。我国主要板岩、千枚岩类砚石特征见表1-2。

表1-2　　　　　　　　　我国主要板岩、千枚岩类砚石及特征

序号	名称	产地	地层时代	岩石名称	岩石特征	结构构造	矿物成分
1	端砚石	广东省肇庆市（古称端州）	泥盆纪	粉砂质绢云母板岩、含粉砂质绢云母板岩、含粉砂质绿泥石绢云母板岩	颜色浅绿、翠绿、灰绿、青、褐、紫、浅黄、灰白	显微纤维鳞片变晶结构，变余层纹状构造	绢云母、石英、斜长石、绿泥石、锐钛矿、氧化铁
2	歙砚石	安徽省歙县、祁门县、休林县、黟县	前震旦系上溪组	含粉砂质绢云母板岩、含粉砂质绿泥石绢云母板岩	颜色浅绿、灰绿、褐、紫、浅黄	显微纤维鳞片变晶结构，变余层纹状构造	绢云母、石英、斜长石、绿泥石、锐钛矿、电气石、金红石、氧化铁

（续表）

序号	名称	产地	地层时代	岩石名称	岩石特征	结构构造	矿物成分
3	洮河砚石	甘肃省甘南藏族自治州卓尼县洮砚乡洮河畔	下石炭纪	水云母黏土质板岩	颜色浅绿、墨绿、碧绿、辉绿、翠绿、淡绿、灰绿、浅褐、紫、灰	显微纤维鳞片变晶结构，层纹状构造	水云母、石英、斜长石、绿泥石、方解石、氧化铁
4	龙尾砚石	江西省婺源县	前震旦系上溪组	粉砂质绢云母板岩、含粉砂质绢云母板岩、含粉砂质绿泥石绢云母板岩	颜色浅绿、灰绿、褐、紫、浅黄	显微纤维鳞片变晶结构，变余层纹状构造	绢云母、石英、斜长石、绿泥石、锐钛矿、电气石、金红石、氧化铁
5	贺兰砚石	宁夏回族自治区银川市	震旦系黄旗口群	粉砂质绢云母板岩	颜色浅绿、灰绿、浅褐、紫、浅黄	显微纤维鳞片变晶结构，变余层纹状构造	绢云母、石英、斜长石、绿泥石、锐钛矿、氧化铁
6	盘谷砚石（天坛砚）	河南省济源市	寒武系徐庄组	钙泥质板岩	颜色浅绿、灰绿、浅褐	显微纤维变晶结构，变余层纹状构造	绢云母、方解石、石英、斜长石、绿泥石、锐钛矿、氧化铁
7	桃江砚石	湖南省桃江县	前震旦系冷家溪群	含粉砂质绢云母板岩、含粉砂质绿泥石绢云母板岩	颜色浅绿、灰绿、褐、紫、浅黄	显微纤维鳞片变晶结构，变余层纹状构造	绢云母、石英、斜长石、绿泥石、锐钛矿、电气石、金红石、氧化铁
8	双峰砚石	湖南省双峰县	前震旦系板溪群	含粉砂质绢云母板岩、含粉砂质绿泥石绢云母板岩	颜色浅绿、灰绿、褐、紫、浅黄	显微纤维鳞片变晶结构，变余层纹状构造	绢云母、石英、斜长石、绿泥石、锐钛矿、电气石、金红石、氧化铁
9	罗纹砚石	江西省玉山县	前震旦系上溪组	粉砂质绢云母板岩、含粉砂质绿泥石绢云母板岩	颜色浅绿、灰绿、褐、紫、浅黄	显微纤维鳞片变晶结构，变余层纹状构造	绢云母、石英、斜长石、绿泥石、锐钛矿、电气石、金红石、氧化铁

（续表）

序号	名称	产地	地层时代	岩石名称	岩石特征	结构构造	矿物成分
10	思州砚石	贵州省岑巩县	前震旦系板溪群	粉砂质绢云母板岩、粉砂质绿泥石绢云母板岩	颜色浅绿、灰绿、褐、紫、浅黄	显微纤维鳞片变晶结构，变余层纹状构造	绢云母、石英、斜长石、绿泥石、锐钛矿、电气石、金红石、氧化铁
11	嘉峪砚石	甘肃省嘉峪关市	下奥陶纪	黏土质板岩	颜色浅绿、灰绿、褐	显微纤维变晶结构，层纹状构造	水云母—绢云母、石英、斜长石、绿泥石、氧化铁
12	祁阳砚石	湖南省祁阳县	下奥陶纪	黏土质板岩	颜色浅绿、灰绿、褐	显微纤维变晶结构，层纹状构造	水云母—绢云母、石英、斜长石、绿泥石、氧化铁
13	漱口砚石	江苏省吴江市（松陵）	二叠系龙潭组	砂质黏土质板岩	颜色浅绿、灰绿、褐	显微纤维变晶结构，层纹状构造	水云母—绢云母、石英、斜长石、海绿石、绿泥石、氧化铁
14	绢云砚石	江西省玉山县	前震旦系上溪组	粉砂质绢云母板岩	颜色浅绿、灰绿、褐、紫、浅黄	显微纤维鳞片变晶结构，变余层纹状构造	绢云母、石英、斜长石、绿泥石、锐钛矿、电气石、金红石、氧化铁
15	绍兴砚石	浙江省绍兴市	上白垩纪	凝灰质板岩	颜色浅黄绿、灰绿、褐	显微纤维鳞片变晶结构、变余凝灰质结构、变余层纹状构造	绢云母、石英、长石、锐钛矿、电气石、金红石、氧化铁

据《我国现有可查的砚石资源总表》，作者：文石

二、石灰岩类砚石

石灰岩是以方解石为主要成分的碳酸盐岩，有时含有白云石、黏土矿物和碎屑矿物，有灰、灰白、灰黑、黄、浅红、褐红等色，硬度一般不大，与稀盐酸反应剧烈。

石灰岩主要是在浅海的环境下形成的。石灰岩按成因可划分为粒屑石灰岩（流水搬运、沉积形成）、生物骨架石灰岩和化学、生物化学石灰岩。按结构构造可分为竹叶状灰岩、鲕粒状灰岩、豹皮灰岩、团块状灰岩等。

石灰岩结构较为复杂，有碎屑结构、晶粒结构和泥晶结构三大类。碎屑结构多由颗粒、泥晶基质和亮晶胶结物构成。颗粒又称粒屑，主要有内碎屑、生物碎屑和鲕粒等。泥晶基质是由碳酸钙细屑或晶体组成的灰泥，质点大多小于0.05毫米。亮晶胶结物是充填于岩石颗粒之间孔隙中的化学沉淀物，是直径大于0.01毫米的方解石晶体颗粒。晶粒结构是由化学及生物化学作用沉淀而成的晶体颗粒。

石灰岩中一般含有白云石和黏土矿物，当黏土矿物含量达25%～50%时，称为泥质灰岩。白云石含量达25%～50%时，称为白云质灰岩。

泥晶灰岩是一种结构细腻的石灰

——地学知识窗——

石灰岩

石灰岩按成因可划分为粒屑石灰岩（流水搬运、沉积形成）、生物骨架石灰岩和化学、生物化学石灰岩。按结构构造可细分为竹叶状灰岩、鲕粒状灰岩、豹皮灰岩、团块状灰岩等。石灰岩的主要化学成分是$CaCO_3$，易溶蚀，故在石灰岩地区多形成石林和溶洞，称为喀斯特地形。

岩，岩石几乎全由0.001～0.004毫米的灰泥（又称泥晶）组成，仅含少量异化粒（小于10%）。它在结构上相当于陆源黏土岩。常形成于低能环境，如潟湖、潮上带、浪基面以下的深水区。有些泥晶灰岩处在软泥阶段，被生物扰动或遭受滑动变形，形成被扰动了的泥晶灰岩。被扰动了的泥晶灰岩往往表现为微层理的弯曲或断裂，典型的例子为鲁砚中的红丝石。灰岩因不均匀白云石化及含有铁、钛、锰等染色物质而显黄色、褐红色等不规则状斑纹。

石灰岩是地壳中分布最广的岩石之一，几乎在每个地质时代都有沉积，但质量好、规模大或具有某种工业意义的石灰岩往往赋存于一定的层位中。由于砚石要求岩石颗粒细腻、孔隙率和吸水率低、开采时容易分离，故适合作砚石的石灰岩主要是泥晶灰岩，其中薄层者更易于开采加工。我国主要石灰岩类砚石特征见表1-3。

表1-3　　　　　　　　　　我国主要石灰岩类砚石及特征

序号	名称	产地	地层时代	岩石名称	岩石特征	结构构造	矿物成分
1	红丝砚石	山东省青州市	中奥陶系马家沟组	微晶灰岩	颜色红、黄、深灰、灰、褐	微晶结构，层纹构造	方解石、石英、铁质
2	燕子石砚石	山东省费县等	上寒武纪	生物（三叶虫）灰岩	颜色深灰、灰、褐	生物碎屑结构，层纹构造	方解石、石英、铁质
3	菊花石砚石	湖南省浏阳市	下二叠纪	方解石化重晶石化灰岩	颜色深灰、灰、褐，白色菊花状花瓣	生物碎屑结构，层纹构造	方解石、重晶石、石英、炭质、铁质
4	松花砚石	吉林省通化市、白山市	前震旦系南芬组	微晶灰岩	颜色青、深灰、灰、紫、褐	微晶结构，层状构造	方解石、泥质、石英、铁质
5	织金砚石	贵州省织金县	二叠纪	微晶灰岩	颜色黑、深灰、灰、褐	微晶结构，层状构造	方解石、炭质、石英、铁质

砚的制作与使用

制作石砚的第一步是石料初选，需到坑崖的采石现场，砚石有坑洞之别、优劣之分，石砚名贵与否，最基本的条件就在于砚石。砚石的种类丰富多样，除端石、歙石、洮河石、澄泥石、松花石、红丝石、砣矶石、菊花石外，还有玉砚、玉杂石砚、瓦砚、漆沙砚、铁砚、瓷砚等，共几十种。

石砚的制作

石砚的加工制作工艺流程并不是很复杂，但每道工序却要求十分严格，都需要经验丰富的专业人员才能完成。譬如端砚加工过程中有一道工序叫"维料"，具体工作是将开采出来的原石进行鉴定、修整和分级。如果这项工作由大师级的工匠完成，就能实现对石料的严格分级，留有留的目的，舍有舍的原因，发现极品也能单独存放和合理保存。大家都知道，得到块极品石料很不容易，它是最终产出极品砚的基础，若维料这项工作由学徒工单独完成，会出现什么样的后果大家就可想而知了（图2-1）。

🔺 图2-1 端砚成品

石砚的加工流程各加工厂大致相同，但有些工序的叫法可能有一定的差别。下面我们以端砚的加工程序为主线，介绍石砚的加工流程和其中的技术要求。

端砚的制作过程主要包括：采石、维料、制璞、雕刻、磨光、配盒等。

1. 采石

采石是制作端砚极其重要的一环，砚石有坑洞之别，优劣之分。名坑质优之砚石，加上制砚高手制作，可以出产精品和珍品。端砚名贵与否，最基本的条件在于砚石的选择，故采石这道工序极为重要，不可本末倒置。端溪名坑，自古以来都是手工开采，劳动强度大，要求技术高，故有"端石一斤，价值千金"之说。因端溪石大多不抗震，不能用机械代替，更不能放炮，所以在开采砚石中，如看不清石壁，看不准石脉，下凿位置不对或不合适，就会浪费好的砚材。特别是老坑、麻子坑和坑仔岩，有时可能整壁石料都不成材（石工谓之断脉），就得将它一块块地凿下来，再根据石脉的走向继续寻找石源。石脉（石层）一般是倾斜产出，有时在走向上或倾向上也会曲折蛇行，甚至要挖到深层才能找到。因此采石工必须掌握砚石产出的规律，顺其自然，按部就班，从接缝处下凿，尽量保住砚材的完整。坑洞内阴暗潮湿，采石不仅技术含量高，工作条件也极为艰苦，如果没有吃苦耐劳的精神和缜密的工作态度，砚石就会被损坏（图2-2）。

▲ 图2-2 选石

采石工人所使用的工具要因地制宜，以凿为主。这些刀具长短有异，大小不一，粗细不同，但每个石工必备三四十把，每天工作后都要修理或磨砺，所谓"工欲善其事，必先利其器"。

2. 制璞维料

维料又称选料，制璞是指将精选的原石加工成砚的雏形。

开采出来的砚石并不是全部都可以作砚材，须经过筛选后，再将其分出等

级。特别好的，纯净无瑕者为特级，稍次者为甲级，再次者为乙级。将有瑕疵的，有裂痕的，或烂石、石皮、顶板底板……统统去掉，剩下"石肉"。这个过程首先要懂得看石。凭实践经验，内行的维料石工能够"看穿石"，可以预测到表层看不到的石品花纹，如砚石的侧面发现有石眼般的绿点，或绿色的翡翠带，那么凿下去可能有石眼出现；砚石的两侧如果微呈白色，或白色的外围有火捺包着，则可能隐藏鱼脑冻或蕉叶白。砚工还要根据砚石的天然形状用锤或凿制成天然形、蛋形、长方形、方形、圆形、金钟形、兰亭式、太史式等砚形的砚璞。制璞者同样必须懂得看石，因为要将砚石最好的地方留作墨堂。一方端砚石质的优劣都以墨堂之石质作评价，可供鉴赏的石品花纹亦放在墨堂部位（石眼除外）。

3. 设计

砚的设计是在充分研究砚石的形状、颜色和花纹的基础上，为砚台的最终形制、花纹体裁、可能表达的主题及具体雕刻确定基本思路，是将砚石中的瑕疵变成无瑕，将砚石的花纹巧妙利用，最终达到预期效果的综合构思。良好的设计，能使砚石中的石线、彩纹甚至瑕疵得以合理利用，以达到锦上添花的目的，增加成品

的艺术价值。砚的设计要因石构图、因材施艺、因型造势，最大限度地将砚石的优点凸显出来，是汇集文学、历史、绘画、书法、金石于一体的思维升华，是将原石升华为艺术品的中间环节。所以，对一件作品的设计，可能需要几天，也可能需要几个月甚至1年，这主要看原石工艺价值的高低。

4. 雕刻

雕刻是端砚制作过程中极其重要的工序。要使一块天然朴实的砚石成为一件精美的工艺品，就需要创作设计和雕刻的过程。这个过程处理得当是锦上添花，处理不当就会画蛇添足甚至弄巧成拙。故雕刻艺人要对砚璞因材施艺，在总体设计的前提下因石构图，还要根据砚璞的石质，去粗存精，认真构思，并考虑题材、立意、构图、形制以及雕刻技法，如刀法、刀路。雕刻端砚要线条清晰，玲珑浮凸，一目了然。端砚雕刻主要有深刀（高深雕）与浅刀（低浮雕）雕刻，还有细刻、线刻，适当的通雕（镂空）。

采用什么雕刻技法和刀法，要视题材和砚形、砚式而定。如要表现刚健豪放的，多采取以深刀雕刻为主，适当穿插浅刀雕刻和细刻；要表现精致古朴、细腻含蓄的，则以浅刀雕刻、线刻、细刻为主。总之，细刻和线刻均属"工精艺巧"之

"工精"部分。细刻要求雕刻精细，准确，生动；线刻则要线条细腻、流畅，繁而不乱，繁简得当。

5. 配盒

端砚雕刻完毕，必须配上名贵的木盒。砚盒起着防尘和保护砚石的作用，同时，砚盒本身也是一件艺术品、装饰品。砚盒的用料很讲究，名贵的用紫檀、酸枝、楠木等硬木。砚盒的造型一般视砚的形状而定。自端砚问世以来，其盒底部都有"四脚"。杂形和天然型砚，砚盒的"脚"称"豹脚"。长方形砚盒的"四脚"则要与盒形的四角线条相吻合，成为直角形的"脚"。砚盒之脚除了起装饰作用外，更重要的是从实用考虑，使之移动方便。砚与盒必须吻合，同时要考虑到木

——地学知识窗——

砚台制作为什么要先制盒后打磨？

先配砚盒后打磨的原因是砚台在未经打磨前形体稍大、打磨后形体稍小。先配盒后打磨配制的砚盒比较宽松，便于砚台放进或取出；另一个原因也是为了使打磨与制盒两道工序同步进行，以缩短生产周期。

盒的干湿度，可能会整体收缩，砚盒本身要稍比砚石四周宽些，以便取出。总之配上盒子，能使端砚显得更加古朴凝重，更加名贵。

6. 磨光

砚石磨光的工序一般放在配盒之后。首先用油石加幼河砂粗磨，目的磨去凿口、刀路，然后再用滑石、幼砂纸，最好是一千目的水磨砂纸反复磨滑，使砚台手感光滑为止。最后是"浸墨润石"，过一两天后褪墨处理。砚石磨光的好坏，直接影响砚石的品质及使用的效果。人们在选择端砚的时候，除了以水湿察看石色，鉴赏石质和石品花纹外，还常用手按摸砚堂（所谓手感），看是否细腻、润滑，这一切都与砚石的磨光有直接关系。

澄泥砚的制作

澄泥砚由于使用经过澄洗的细泥作为原料加工烧制而成，因此澄泥砚质地细腻，犹如婴儿皮肤一般，而且具有贮水不涸，历寒不冰，发墨而不损毫，可与石质佳砚相媲美的特点，因此古人多有赞誉（图2-3）。

中国传统四大名砚中的端砚、歙砚、洮河砚都为石质砚，且以产地命名，唯独澄泥砚由黏土烧制而成，不是以产地命名的砚台，且澄泥砚的历史记载有断代现象，四大名砚中的澄泥砚原产地至今没有考证清楚，究竟谁是正宗的四大名砚中的澄泥砚至今仍存有争议。

▲ 图2-3 澄泥砚

澄泥砚在历史上曾有南北之争，即分别以黄河流域的虢州（今河南灵宝）、绛州（今山西新绛）、泽州（今山东泗水）和长江流域以苏州为代表的"正宗"之争。现在，其"正宗"之争主要集中于虢州和绛州之间。

1980年，江苏吴县恢复澄泥砚生产，其打出的品牌是唐代的"太湖澄泥砚"，且以"四大名砚之一"相标榜。20世纪90年代，山西省新绛县（古绛州）也开始恢复生产澄泥砚，并宣称山西绛州澄泥砚与端砚、歙砚、洮砚齐名，并称"中国四大名砚"。此后，河南的郑州、洛阳、焦作和山西的晋城、山东的泗水等地澄泥砚制品相继出现，都称自己是"四大名砚之一"。

无论谁是天下第一并不重要，重要的是制作澄泥砚的基本原料和制作工艺，这方面恐怕大致是一致的。下面以绛州澄泥砚为例说明澄泥砚的制作工艺。

澄泥砚由于原料来源不同、烧制时间和烧成气氛不同，具有鳝鱼黄、蟹壳青、绿豆砂、玫瑰紫等不同颜色。澄泥砚一般注重图案，讲究造型，器物线条凝练，表达内容丰富。

绛州汾河湾的泥质干、强度高、手感滑腻、无沙、可塑性高、韧性强。这也从一个侧面说明为什么能做出名砚的原因。由于澄泥砚是用泥土烧制的，研磨后砚面的光滑度逊于石砚，增加了澄泥砚的滑动摩擦系数，所以澄泥砚比同等硬度的石砚发墨程度要好。陶的烧成温度

在900 ℃~1 000 ℃，瓷的烧成温度在1 300 ℃以上，而绛州澄泥砚的烧成温度介于两者之间。

制陶工艺是澄泥砚工艺的先导，它孕育、创造了澄泥砚的工艺。实际上，澄泥砚是介于陶与瓷中间的另一路产品，应归类于炻器。控制窑内温度是把握澄泥砚烧成质量的关键之一，烧制时的温度过高就会瓷化，墨在砚上打滑，发墨功力差，不可取；若烧制时火候不够，就会烧成陶质，硬度差，磨墨时泥墨俱下，更不可取。所以，焙烧工艺是制作澄泥砚最为复杂的一个环节，澄泥砚的颜色、硬度、莹润程度等都与其密切相关。

绛州澄泥砚生产制作的主要环节有12个，其中每个环节还有一些细碎的小工序，共计70余道。

1. 采泥

泥料取自于新绛汾河湾的采泥场。汾河由此转弯西行，在新绛形成了偌大的汾河湾，方圆数百平方米中，合适的土层泥料才是制砚的最佳泥土。并非所有的泥土都能使用，必须选择较纯净的、黏结度、含沙量适中的泥土，方可作为制砚的泥料。

数年来，为了采到适合制砚的泥土，研制人员的足迹踏遍了周围5个县的

——地学知识窗——

目粒度

这里的目粒度是指磨料颗粒的尺寸，一般以颗粒的最大长度来表示。网目是表示标准筛的筛孔尺寸的大小。在泰勒标准筛中，所谓网目就是2.54厘米（1英寸）长度中的筛孔数目，并简称为目。目数越大，表示颗粒越细。500目的筛网的孔径是30微米，900目相当于15微米，1 100目相当于13微米。

河床、角落。由于如今汾河污染严重，下游泥土几乎成为黑色，而上游的植被不足，水土保持不够，致使泥土中含沙量过高，根本不适合制砚。因此，只能寻找古河床遗留的合适泥土作为制砚的泥料。由于澄泥砚制作对泥料要求严格，所以只能人工开采，不可能实现机械化开采。

2. 澄泥

采回的泥料中，含有较多的杂质，需用不同"目"的绢箩进行数遍的淘洗、过滤，最少要过滤五六遍。在过滤到最后两遍时，开始添加配料，以增加比重、控制砚的最终成色。

3. 压滤排水

将滤好的泥料装入质地细密的绢袋中，放置在或悬挂在某处，使其中的水流出，但注意不能暴晒，否则袋中的泥料会形成外层干成泥片而内部湿的现象。

4. 练泥、陈腐

将袋中泥料的水分滤掉后，需将泥料倒出来进行陈腐。具体做法是，先经过上百次的揉泥，其目的在于排除泥料中的气泡，增加泥的致密度，从而提高成品的密实度。将经过揉制的泥放在大缸内用塑料布密封，进行陈腐。陈腐的时间在半年以上，这样才能腐化泥料中的有机质，同时使泥料中的水分子排列更趋于均匀，使水的极性键与黏土颗粒周边的破价紧密结合，以提高烧成品的质量。

5. 揉泥、制胚

该工序是将陈腐好的泥料取出，通过揉搓、整形，将泥料制作成砚的雏形。这一环节注意揉制手法，一定要用力均匀，以避免制作的泥坯受力不均，造成结构不均匀而破裂。

6. 阴干

将做好的泥坯（砚坯）放置于恒温、恒湿、恒风的环境中慢慢阴干，这样会让水分慢慢排出，且使坯体干燥均匀。阴干的时间为夏季两个月，冬季两个半月以上。

7. 雕刻

砚坯阴干后，就可以根据需要在砚坯上雕刻各种图案了。或雕或刻，应根据设计者的需要尽情发挥。

8. 砂磨

将雕刻好的砚坯的砚堂、背面、侧面等无雕刻花纹的部位用不同"目"的布砂进行打磨，使其光洁。

9. 窑炉烧制

这是澄泥砚制作工序中最关键、也是较难掌握的一道工序，比烧制瓷器、紫砂器的难度大。因为砚坯的厚度大，有的达7～8厘米甚至更厚，是一般陶瓷坯体厚度的5～10倍，其烧制难度可想而知。根据澄泥砚的最佳烧成曲线，从入窑到出窑，一般需要1周时间，在这期间的阴、晴、雨、雪等诸多气候变化，均要十分留心。因为这些气候条件会影响窑炉内的正、负压，造成窑炉内温度及烧成气氛的改变，从而增加次品的数量。

窑炉烧制最关键的技术是控火，概括为三个字：稳、慢、匀。但不能太慢，否则，坯体内的游离水、组织水不能及时、均匀地排出；也不能太快，因为水分子在高温下体积会膨胀十多倍，如果升温太快，则把通道胀破，造成坯体变形甚至破裂。

烧制中还要控制烧成的气氛，这与陶瓷的烧制有异曲同工之处。氧化焰、还原焰、中性焰、半氧化还原焰等等，这些气氛的时间长短、强弱都会影响砚体的成色与呈色。

就这样小心谨慎地坚持1周左右即可出窑。一般情况下成品率在35%左右，最好也不过40%，差的时候甚至连10%也不到。这也是历史上澄泥砚为何少而珍贵的原因之一。

10. 水磨

将烧制出来的成品砚浸入水中，再用细"目"水砂纸将砚的各个面打磨得光滑、细腻，使之"抚如童肌"，亦可将砚面上附着的杂质磨掉，呈现砚的本来颜色。

11. 精修

砚在泥坯阶段时，由于泥料的松脆，有些地方雕刻不到位，待烧成后再做进一步精修，使之更加精美。

12. 配盒包装

这是最后一道工序。将砚配以传统的锦缎盒、仿红木盒、花梨木盒等。一般采用具有中国传统文化特色的包装。

澄泥砚的密度是决定砚质是否坚实、是否发墨的主要条件。一般陶器的密度在1.4～1.6，绛州澄泥砚运用现代工艺使密度达到了2.0～2.2，所以做到了下墨、发墨适中，重量上、视觉上、手感上都与石质砚差异不大，达到几可乱真的程度。

因澄泥砚是用泥坯做成的，所以，大小、形状不像石质砚那样受到原石形状和大小的限制，有利于艺术家尽情地发挥其空间想象力，更有利于拓展艺术家的创作空间，所以，澄泥砚家族体现的形体、花纹要比石质砚丰富得多。

砚的使用与保养

砚的实用功能是磨墨。磨墨是在砚堂内注入清水，将墨锭在墨堂内研磨成墨汁的过程。其研磨程度根据墨汁的用途而定，适可而止。

有人曾将名砚的触觉特征描述为"婴儿面，美人肤"，如果某人在地摊上花2元钱买一锭墨，其墨块硬度不均，质地差别很大，并含有沙粒，那什么好砚也就用瞎了，并且越是名砚后果越严重。好砚必须用好墨，这是用砚的第一要领。关于墨的有关知识，见本书附录部分。

砚的具体使用和保养主要包括养砚、用砚、洗砚和藏砚。

1. 养砚

《歙砚谱》说："砚成涂蜡，与石相益，便于洗濯，不惹墨渍，初使涂以姜汁，砚即着。"是说新购置未用过的砚，用前先涂刷姜汁，将砚堂上的蜡去除，才能在磨墨时容易着墨。也可用葡萄条或柳木条烧成的炭条擦磨砚堂后洗净，这叫"发砚"。

砚使用后不可放置不管，尤其好的名砚，久置不用，砚石干燥，再用时不易发墨。古人对砚的保养，要"以清水养石"，即在砚池中经常放入清水，使水由石中的毛细孔慢慢渗至全砚，砚堂受墨处也因而不会干燥、保持湿润，用时才容易下墨与发墨，这叫"养砚"。端砚以水坑石最好，上岩石较差，原因是上岩石干，水坑石润，了解了这一点，就可知道清水养砚的重要性了。必须注意的是，"磨墨处不贮水"。据古人的经验，"久浸则不发墨"，理由是，磨墨处如果贮水久浸，便会有微生物产生，加上尘埃汇积，砚面上的锋芒减退，当然不易发墨。

若砚台久用后锋芒减弱，下墨慢，必须用柔石或柳炭条研磨，使砚面变锐，增加锋芒，使之恢复原貌，称为"再发砚"。

2. 用砚

研墨要用清水，倒水要适量。好墨研时细润无声，差墨研时声音粗糙。拿墨时，食指要放在墨的顶端，拇指和中指夹在墨的两侧。磨的时候用力要轻，磨墨要慢，用力要匀。中国人用回转式磨，着重气定神闲、缓慢温柔，其优点一则所得墨汁较细，再则借磨墨时间培养书画或写作情绪。古人说，磨墨叫闺秀少女来磨最为合适就是这个道理。磨墨用水要新鲜，最好是井水、泉水。

3. 洗砚

砚分两用，一为实际使用，一为观赏品鉴。如果藏砚者目的在鉴赏，就可以不洗，洗也是为了观赏。观赏砚的洗法为"浸洗"，因为它没有着墨，不是洗去墨污，而是浸入清水中，由于水对光线的折射，可更清晰地观察到干砚所表现不出来的优点。浸洗的砚台，其色泽、纹理、石眼、蕉叶、斑纹等等，有与干砚截然不同的情貌。这种洗砚，乃是借水洗而达到另一层的品赏，也是定期养砚的措施。

着墨实用的砚，用毕要洗涤，不留宿墨。古人说："宁可三日不洗面，不可一日不洗砚。"宣城施润章《砚林拾遗》说："余友有癖砚者，每晨洗面水移注木盆，涤以莲房，浸良久，取出风干，水气滋渍，积久有光，俗所名'包浆'也。忌束帖纸拭，能伤砚锋。"

砚留宿墨过多，再加水磨成的墨汁，色度大减，再过一小段时间，墨光也立即减退。又宿墨积久后，胶浓厚，写字毫锋滞留不畅，宿墨也会损害砚的精彩，故砚应常洗，但不可用滚水涤砚，洗后也不可用毛布或废纸揩抹，以免损伤砚的锋芒，而且掉下来的微细毛屑纸粉混减墨色。《砚笺》文中以为用皂角水先洗，再用清水洗涤为妙。或者用中药半夏切片去擦积墨，或用丝瓜穰、莲房等植物纤维洗涤都可，既可去垢起滞又不会伤砚；千万不可用铁器在砚堂上除污，以防损砚。

4. 藏砚

优良古砚，不可随便用报纸包裹，宜用推光漆木匣贮藏，木材宜用紫檀或花梨，因为纸燥、吸水，不能保持石砚的滋润，漆匣加盖，护砚防尘，使用暂贮均便。收好的砚台，应避免阳光直射，否则砚质易干燥，砚匣易干裂。

对于以收藏为目的的砚来说，有人认为用涂蜡的方式可隔绝砚石与外界空气的联系，能使砚石保持矿物中的结晶水和吸附水，使砚保持永久的润泽，这种方法值得商榷。

对于涂蜡护砚，古人也有不同的看法，认为砚之涂蜡是："蜡中视石如隔云见日，昏翳闷人。且蜡石不发墨。"（《砚录》）此语是极有道理的。现在有不少人将蜡涂遍砚身，有的还涂抹植物油，更有的涂沫墨，以为可以养砚，给人一种滋润古朴的感觉。但这些做法并不妥当，涂蜡封石是可以的，但方法须得当。蜡可以涂于砚的四周、底部，要薄而适中；切忌将蜡涂于砚堂磨墨的部分，因为此处涂蜡，则水墨不融，亦不能发墨，且蜡可能进入砚面微孔，发砚很难将其清除干净。砚上抹植物油的做法也是不妥的，因为植物油属慢干性油脂，砚面有油多招尘土，使砚污秽不堪，并且日久油腻也会散发出一种怪味令人生厌，或者植物油产

生霉变，在砚的表面会出现霉斑，擦洗不去大煞风景。

作者认为，涂蜡和涂油的最终结果是蜡或油渗入石内堵塞砚石微孔，可能破坏砚石的微观结构。但砚石一旦失水，再无恢复的可能，最好的办法是定期取出，将手洗净，将砚放在纯净水中观赏把玩，实现观赏与保养相结合。这种方法与养玉的道理相同，玉镯越放越干涩，越戴越温润，也是与保持玉镯中的水分有关。

砚匣多为木质，且大多为优良木材制作，如红木、紫檀、黄花梨等。其砚匣之内壁还涂有漆数层，以适应气候变化。另外，砚匣还应经常打蜡，以保持光泽，防止潮气侵入。若遇砚匣收缩，砚身放之不下时，此时可用砂纸打磨匣之内侧，使其增宽易放，切忌磨砚，致遭"削足适履"之讥。古砚匣因年代久远多有破烂和损坏，对此可采用匣外配匣的方法，以此对古砚匣进行收藏。因为古砚匣是研究砚匣的形制、工艺制作、髹漆技术等的珍贵实物，同时也是考证古砚年代、出处、流传轨迹等的佐证，同样需要精心呵护。

砚的鉴赏与评价

砚除实用以外，尚有艺术性的鉴赏价值，欣赏砚须从石质、色彩、雕饰及石眼等几

方面去看，这也是一种专门学问。我们也只能从古人及今之好砚者的著述取其要点，作

简略介绍。

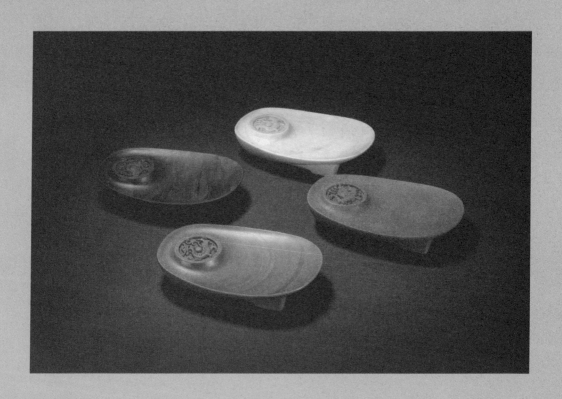

砚的质量

人们在叙述名砚的特征时，常用的两句话是："像幼儿皮肤一样光滑细嫩""贮墨不涸、呵气能研墨"。不难想象，石头的磨光面要达到上面的要求，必须具备的条件是石质密、润、滑、细，无粗糙感。要做到这一点，绿泥石板岩、绿泥石千枚岩最具这个条件，其次是含少量泥质的泥晶石灰岩。所以，古今砚材，多选绿泥石板岩、绿泥石千枚岩和含少量泥质的石灰岩。

砚台的实用功能是磨墨，其中下墨、发墨是衡量砚材好坏的重要指标。下墨，是研磨过程中，墨从墨块到墨堂水中的运移速度。发墨，是指墨中的碳颗粒与水分子融合的速度、细腻程度。发墨好的，墨汁如油，在砚中生光发艳，随笔旋转流畅，所以作画的用砚比书法的用砚要求更高。下墨讲求快慢，发墨讲求粗细，但往往下墨快的发墨粗，发墨好的下墨慢。所以，下墨、发墨均佳的砚极其珍贵。

佳砚应该是既下墨又不损毫，既易磨又发墨，倘若具有各种天然纹饰，有如锦上添花，再加上块度巨大，更是砚石中的珍品。下面从质地、色泽、净度和块度四个方面进行砚的质量评价。

1. 色泽

色泽指砚石的颜色和光泽，是人对物体的视觉反应，是砚石最直接的外观特征。至于哪种颜色是上品，则决定于个人的喜好，很难用统一的标准衡量。但砚石的颜色要求素雅深沉、深浅合适、柔和悦目，是大家共同的感觉。在砚文化传承过程中，大部分人认为，以黝黑、酱紫、暗绿为佳，褐黄、灰绿及灰白等色次之。以颜色来评价砚石，也因砚石的品种不同而不同。以端砚为例，一般以"一紫、二青、三黑、四灰"为判定其名贵等级的标准。若评价红丝砚，则以质地颜色和丝线颜色的纯净程度，以及协调程度综合评价为宜。

砚石的光泽一般较暗淡，人们普遍

接受的是以油脂光泽、珍珠光泽和丝绢光泽为佳。

板岩、千枚岩类砚石通常含多量的绿泥石和绢云母，它们均为含水的铝硅酸盐矿物。当砚石赋存于地下浅水位以上或暴露于地表时，砚石将不同程度地遭受风化，轻者造成矿物失水，使得原矿物内价态失衡，引起矿物晶格的微小变化，影响矿物的光学效应，使砚石显得不翠、不润，磨光面光泽暗淡，无生动感；重者形成风化矿物，失去或部分失去原石的风

采。这是开采砚石者希望得到水下料的基本原因，同时也说明了砚为什么要进行保养，应如何保养。

2. 质地

质地是人们对物体或物件的触觉反应，是物体的性质或结构的表观特征。

砚石的质地要求既细腻润泽又微有芒锷，才有利于"发墨"和"下墨"。这就要求砚石的结构要致密，组成砚石的主要矿物和次要矿物的颗粒均要细小。一般要求：（1）约80%以上的矿物颗粒均需在0.01毫米左右（矿物颗粒太细腻会导致砚石无芒锷，拒墨）；（2）主要矿物的解理面需排列整齐有序，形成特殊的显微芒锷，使研磨腻而不滑、下墨效果好；（3）主要矿物和次要矿物的分布要十分均匀，否则有碍于研磨。

板岩和千枚岩类砚石中的主要矿物有绿泥石、绢云母、石英、长石、微晶方解石等。矿物粒度极细，多在0.01毫米以下，其中90%以上的矿物排列致密有序，孔隙度极小，形成砚石具有"贮水不涸"的特点。泥晶灰岩类砚石由于岩石的主要组成是泥晶方解石，并有10%左右的亮晶方解石，故形成的岩石致密，加工成的砚台腻而不滑。另外，泥质与硅质并存的沉积类岩石经浅变质作用后，会使砚石的质

——地学知识窗——

结晶水

结晶水是结合在化合物中的水分子，它们并不是液态水。很多晶体含有结晶水，但并不是所有的晶体都含有结晶水。溶质从溶液里结晶析出时，晶体里结合着一定数目的水分子，这样的水分子叫结晶水。当一种水合物暴露在较干燥的空气中时，它会慢慢地失去结晶水，由水合物晶体变成粉末状的无水物，这一过程称为风化。有些无水物在湿度较大的空气中会自动吸收水分，转变成水合物，这一过程称为潮解。

地更加坚实致密、刚柔相济，并使其莹润嫩滑、易于发墨，而且不易透水、贮墨不涸。

砚石应具有韧性，当墨锭作用于砚堂面研磨时，墨锭与砚堂面紧密接触，墨锭好像被一股魔力黏滞于砚堂面，使石砚具有"磨而不滑"的效果。有这种感觉的砚石应为上品。

砚石的最佳硬度应在3～4（因墨的硬度为2～3），而且次要矿物的硬度最好比主要矿物的硬度高2～3个量级，形成适当的硬度差，促使"下墨"。若石砚的基本硬度太高，致使其砚面过于光滑，无芒锷，则其"下墨"效果差，谓之"打滑"；若石砚的硬度太低或矿物的结构层内联结力太弱，则砚堂易于磨损，且磨下的石沫与墨汁混合，使墨汁暗淡无光，谓之"不发墨"。

3. 净度

净度是指砚石颜色的纯净程度。净度高的砚石无石筋、石线，无杂色，无瑕疵，制成的砚显得颜色均匀、庄重大方。而净度不是绝对的。有些石筋、石线往往是由矿物组合发生变化引起的，其硬度往往比砚石的基质高，将影响砚台的下墨和发墨，有些石筋、石线或基底以外的颜色表现得呆滞，不受人们欢迎，则严重影响

砚石的质量；有些砚石中的石筋、石线及基底以外的色彩，因其与基底硬度相差无几、颜色和谐、形状生动活泼，经雕刻师巧妙利用，则是形成佳品的必要条件。如端砚中的绿泥石呈形态不规则的集合体，分布不均匀，主要形态有星点状、鹅毛状、雪花状、浮萍状、螳螂腿状，习语称为"青花"，是优质砚石的鉴赏标志之一；黄铁矿呈单晶或云雾状集合体，习称"金星"，线状集合体或细脉称之为"金线"；绢云母与绿泥石集合体在成岩过程中形成的结核，呈淡灰绿、翠绿、黄绿、米黄等颜色，多为圆形和椭圆形，边界清晰整齐，在砚石鉴赏中称之为"眼"，若有黄铁矿存在于结核中心，称"活眼"，则更加珍贵；赤铁矿呈不规则斑块状或条纹状染色，习称"火捺"或"火烙"，能为砚石平添几分诱人的色彩。

综上所述，砚石的净度不是绝对的概念，颜色真正纯净的砚石形成的砚极品并不多，受大多数人喜爱的砚往往是多姿多彩的（图3-1）。所以在评价砚石的净度时，不仅要评价基底颜色的纯净程度，还要评价其他色彩与基底的协调程度及其他色彩的利用价值，这对砚石鉴定者来讲是极高的挑战。

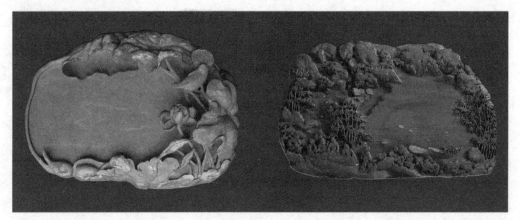

图3-1　具有美丽色彩的端砚

4. 块度

块度是砚石鉴定中最容易理解的物理量。原石大才能雕刻出宏大的雕件，这是每个人都知道的，同时，大的原石，也给雕刻师提供了大的想象空间。另外，鉴定石料时，要充分考虑与劈理面、层里面的分布方向，否则，大块石料不一定能雕刻出大件。考虑石料的大小一般以能雕琢一方砚台为宜。

——地学知识窗——

绿泥石

通常所称的绿泥石，指主要为镁和铁的矿物种，即斜绿泥石、鲕绿泥石等。它是一些造岩矿物的变质岩。火成岩中的镁铁矿物如黑云母、角闪石、辉石等在低温热水作用下易形成绿泥石。其颜色随含铁量的多少呈深浅不同的绿色。从玻璃光泽到无光泽，解理面可呈珍珠光泽。

砚的发墨原理

砚石的感官特征往往是由微观特征决定的。如砚石的比重大，是感官特征，其实际原因可能是形成砚石的矿物本身比重大，也可能是矿物成分相同，而岩石的密实程度大。如描述砚的质量时叙述为"贮墨不涸，呵气能研墨"，这种现象的原因是砚石吸水率低。而吸水率低的原因是：①组成岩石的矿物接触紧密，岩石孔隙率低；②也可能是岩石的孔隙率并不低，而是空隙微小且连通性差。为什么有的砚台下墨适中且发墨性好，而有的砚台就不具备这种条件呢？上述种种问题都需要通过对砚石的微观特征的研究，才能找出准确的答案。下面我们通过前人对歙砚的研究成果，来说明这些具体的问题。

表3-1列出了端砚、歙砚和洮砚的物理参数对比。

表3-1 　　　　　　　　端砚、歙砚和洮砚的物理参数对比

石材	摩氏硬度	下墨	发墨
端砚	2.9	弱于洮、歙	强于洮、歙
洮砚	3.1	强于端，弱于歙	强于歙，弱于端
歙砚	4	强于端、洮	弱于端、洮

注：墨条的硬度是2.2~2.4。刻刀的硬度是：钨钢刀：约7；白钢刀：约6；碳钢刀：约5。

从以上数据可以看出，三大石质名砚中，端砚硬度较软，所以发墨更好；歙砚硬度较大，所以下墨更好；而洮砚硬度介于端、歙之间，下墨优于端砚而发墨优于歙砚。

历史上，人们依据感官与实践认知，对砚作过大量的直觉性描述，总结出了一套评定砚石优劣的标准，但一直没能从科学的角度进行阐述。20世纪80年代中叶，安徽歙砚厂与中国地质大学（北京）

——地学知识窗——

摩氏硬度

表示矿物硬度的一种标准。1812年由德国矿物学家摩斯（Frederich Mohs）首先提出。应用划痕法将棱锥形金刚钻针刻画所试矿物的表面而发生划痕，矿物学和宝石学上都是用摩氏硬度。用测得的划痕的深度分十级来表示硬度：滑石1，石膏2，方解石3，萤石4，磷灰石5，正长石6，石英7，黄玉8，刚玉9，金刚石10。硬度值并非绝对硬度值，而是按硬度的顺序表示的。若按绝对硬度计算，金刚石的绝对硬度是石英的1 000倍。

联合对歙砚砚石产地进行了地质考察，采集了系统的地层标本和砚石标本。经偏光显微镜、电子显微镜、X射线物相分析、X射线能谱分析和电子探针等多项实验研究之后，科学地分析了歙砚砚石的矿物组成。在科学研究的基础上，揭示了砚石的发墨原理及砚锋的自磨性，总称为"中国歙砚的自磨刃发墨理论"，并撰文发表在1988年的《科学通报》第17期上。

采用仪器检测歙砚砚石的一般性质后发现，砚石平均比重为2.9，大于世界各地所产的其他板岩比重（小于2.7，个别达到2.8）；平均硬度为摩氏3～4度（肖氏30～40）。砚石的矿物组成主要有云母、绿泥石和石英等，80％的矿物颗粒粒径在0.01毫米（10微米）左右，云母粒径更小，在1～10微米之间，其云母为多硅白云母，绿泥石为蠕绿泥石（在双目镜下观测，黑色矿物即为蠕绿泥石，蠕绿泥石为黑绿-黑色，与它的含铁量有关，蠕绿泥石是歙砚呈苍黑色的主要色素矿物。也可以说，蠕绿泥石中含铁量的多少决定了砚石从黑绿色到黑色的颜色变化）。砚石中多硅白云母占50％～60％，蠕绿泥石占20％～30％，石英占20％～30％，长石占1％～2％，余者小于1％。

当人们用砚时，墨在砚上的研磨过程其实就是砚面切割墨体，因此，砚是切割工具。刃是切割工具的关键部位，是决定切割效果的主要因素。从几何上看，刃的形态有四类：

零维（点型）刃，如锥子的尖端。

一维（线型）刃，如刀具的刀刃，它可以是直线形，也可以是曲线形。

二维（面型）刃，如锉刀的锉面。

三维（体型）刃，如狼牙棒的棒面。

显然，砚面是二维刃。二维刃由锋构成，锋有零维（点状）锋、一维（线状）锋和局域二维锋（面状）。砚面上的锋称为砚锋，对歙砚砚锋扫描电镜观察和分析表明，优良的歙砚砚面的锋都是曲线状的，常见的是鱼鳞状砚锋（图3-2，图3-3）、花瓣状砚锋（图3-4）和折线状砚锋（图3-5）。此外，还见有点状锋。

一般来说，多硅白云母和蠕绿泥石多呈曲线状砚锋，如同刀锋，可以顺利地切割墨体；石英则呈点状砚锋，犹如人之犬牙，有利于处理墨体中个别硬物。砚锋形态对墨的切割效果和切割速度有着重要的影响。

今定义砚锋密度$\rho = \sum li/Si$。其中，Si是i区域的面积，$\sum li$为i区域内线状峰总长度，ρ的单位为μm^{-1}。若有点状峰，则定义$\rho = \sum Ni/Si$，Ni为i区域内点状峰的总个数。该参数表达了砚面上砚锋的间距，决定着切割墨体的墨粒粒度大小，因此，砚锋密度与发墨质量密切相关。根据扫描电镜照片的测量结果，将歙砚的砚面分

▲ 图3-2　似鱼鳞状砚锋

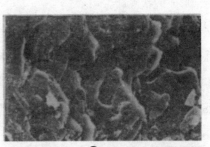

▲ 图3-3　鱼鳞状砚锋

▲ 图3-4　花瓣状砚锋

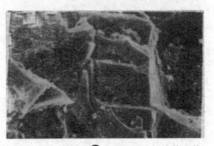

▲ 图3-5　折线状砚锋

为四类：$\rho<0.6$ 为疏锋型，$0.6<\rho<1$为中锋型，$1<\rho<1.5$为密锋型，$\rho>1.5$为高密锋型。

中锋和密锋型刃的砚锋间距在1微米左右，它们切割墨体所得到的墨粒为微米级，呈似胶状，即"发墨如油"；用高密锋型刃得到的墨粒更细，但切割速度变慢，即"滑感"；用疏锋型刃所得的墨粒较粗，多在微米级以上，即"粒感"。

由上分析可知，砚的发墨效果决定于砚面的矿物组成、砚锋形态和砚锋密度，这一原理称为砚的发墨原理。

歙砚的砚面主要由多硅白云母、蠕绿泥石和石英组成，片状矿物与砚面斜交，形成线状砚锋。

由于歙砚砚锋呈叠瓦状排列，几乎所有矿物都被连锁起来，成为一个整体，它抵消了层状矿物的面易于解理的特性，保护了片状矿物。一般来说，线状或点状锋经过一段时间研磨之后，会变钝而逐渐不能再起切割作用，即不同时刻，其切割效果是不同的，或者说，砚面的切割性能是不稳定的。然而，由于片状矿物构成的砚锋呈叠瓦状排列，在长期使用过程中，虽然它可以受损伤，但不会失去切割性能。由于片状矿物与砚面斜交成一条线，即线状锋，若某一水平上的线状砚锋消失，另一水平上的线状砚锋将自动出现。所以，歙砚的砚锋是天然的，不是人为的。在使用过程中，原砚锋不断消失，新砚锋又不断产生，这就是歙砚砚锋的自磨性。事实证明，百年前的旧歙砚，其砚锋如同新歙砚一样，具有优良的发墨效果。以上关于发墨原理和砚锋的自磨性，总称为歙砚的自磨刃发墨理论，可用于评价砚石的内在质量。

发墨理论从微观研究入手，对砚台的下墨和发墨效果进行了科学解释，弥补了以往仅对砚石的感官评价的局限性，为今后砚石的评价和研究提供了新的途径。我们可以用同样的方法评价其他类砚石。

砚的鉴定与评价

从远古时期到明朝之前，砚的价值基本体现为实用，苏轼曾说："砚之美，止于滑而发墨，其他皆余事也。"自明朝起，砚的价值体现为实用性和观赏性，且以实用为主。当然，近代的书法爱好者对砚的评价仍以实用为主，但藏砚、品砚成了许多人的爱好，使砚的艺术价值得到进一步的提升，人们不仅要求其具备优良的质地，也要求艺术上的完美。

1. 砚的质量鉴定

砚石的质量包括石质和纹色。这是砚的基础和根本，是砚价值的载体。一方好的砚，一般都具备如下基本条件：坚密柔腻、温润如玉、发墨如油、笔毫无损、几无吸水、涤荡即净、寒冬储水不冻、盛夏储水不腐。至于砚的花纹和雕刻艺术，首先是艺术水平的高低，其次是艺术风格和花纹质量。

砚的质量鉴定包括：看、摸、敲、洗、掂、刻。

（1）看：好的砚，温润细腻、光泽深沉、纹理清晰、花纹协调、星晕突出。用擦镜布或面巾纸将油渍擦干净后，放到自然光下观察（或借助放大镜观察）砚石的石质结构和花纹特征。另外，应注意，如果砚已经修补过，其补过的地方颜色与砚的原色总会有些差别。

用湿抹布擦拭砚面和砚背、侧，水汽停留时间长的透水性差，为质优；时间短者吸水性能好，为质次。若吸水速度不均匀，说明砚的石质不均匀。另外，如果水沿某些走向，如线状、弧状的不干，则表明有解理或裂缝的存在，这是肉眼检查砚是否有暗伤的有效办法。

──地学知识窗──

解理

矿物晶体受力后常沿一定方向破裂并产生光滑平面的固有性质称为解理。

（2）摸：好的砚面质地非常细腻，

可以用"如孩儿面，似美人肤"来形容。拿到一方砚，可用手摸一摸。如果摸起来感觉像小孩儿皮肤一样光滑细嫩，说明石质较好；如果摸上去有粗糙的感觉，则说明其石质较差。用手指在砚面上按一下，如冰感强，砚面光滑、细腻、清纯为佳砚；温感强，手感粗糙，为次砚。

（3）敲：将砚面用五指托空，轻轻击打，或用手指轻弹，闻其声。这一方法对素形砚尤为有用，而对抄手砚或某些仿生砚（如蝉形砚或荷叶砚）等中空类型的砚台，则应注意要取在砚额等较厚处敲击。

一般情况下，发清脆悦耳的金属音，玉得金声，铿锵玲珑，回音幽远深长，犹如天籁之音从远古传来，则为好砚；如发出"噗、噗"的木质音或瓦音，暗示其中有裂隙、暗伤或质地疏松。但应注意，若为端砚，以木声为佳，瓦声次之，金声为下。这三种不同的声音，分别体现出端砚质地的嫩与老。而歙砚敲击，则以清脆的"铛、铛"金属声为最好。

（4）洗：砚最好要经过清洗再辨认。一般情况下，将石质、陶质材料浸上水，其花纹、颜色及质地特征会表现得更加清晰，对颜色和花纹的品鉴非常有效。尤其是古砚，因砚面上墨痕斑斑，遮掩了砚的自然美纹，也分辨不清砚的坑口年代，因此需要洗掉砚的墨痕，看砚石是否有伤痕和修补过的痕迹。

（5）掂：用手掂砚的分量。同样大小的石砚，一般来说，砚石重的胶结密实，轻的说明胶结疏松。歙砚中，老坑砚明显比新坑砚沉许多，所以掂的方法尤其对歙砚比较适用。澄泥砚是泥质加工烧制而成的，沉的自然要比轻的密实。

（6）刻：一方砚的好与差，首先考虑的是石质的好坏。对砚石熟悉者只要在砚石上轻轻地刻上几道，马上就会辨别出砚石的优与劣。取一婺源宋坑眉纹标本，在砚背面刻画，如基本不能留下碎屑，并需一定力气才能刻动，说明石可取。这是由于歙砚是中国四大名砚中硬度最大者。刻，属有损伤探测，一般不宜采用。

2. 砚的雕工

（1）造型：砚的造型大致可分为古典式、自然式、大冠式、玉堂式、砚坯、套砚、漆珍砚等等。

古典式：即仿照历代砚式，如圭式、凤字、古钱、古瓶、钟鼎、合璧、笏式、龟式、琴式、荷叶、蟾蜍、日月式、抄手式等，淳朴古拙，多作收藏鉴赏。

自然式：按照砚石的形状、花纹，因材施艺，巧作而成。

大冠式：长方形，上端砚边稍宽，

下端砚边稍窄，砚边雕各式回纹图案，砚池开砚舌，背刻复手，内镌铭文、人物、山水等图案。

玉堂式：又称素边砚，长方形，不刻图案文饰，砚池可开砚舌，也可雕淌池，为实用型砚式。

砚坯：是一种石品罕见、纹理优美，砚家不忍下刀，留作观赏的砚材。

套砚：以一般砚石刻成托，嵌进石质精良的砚心。

漆珍砚：以名贵砚材薄片嵌入漆盒，巧作而成。

（2）布局：砚的布局包括图案式、弦纹式、写生式。

图案式：即繁作。精工细笔，左攀右挽，富丽堂皇却清新脱俗。以工取胜，忌讳工过而俗。清代乾隆年间的大多数砚采用此方式。

弦纹式：即简作。线条简洁明快，刚柔转折，轮廓分明，以素形砚居多。同时，背面多刻书画铭文。墨池和砚边边线起伏有序、曲直变化，大方、高雅，多见于明代。

写生式：此乃脱俗雕法，亦是一种新的雕法。看似无序，实则有序。

（3）刀法：刀法主要是讲究运刀的诀窍，如何进行凿、刻、雕等。习惯上要用圆刀，以免留下刀痕，切忌用立刀。特别在墨堂和边线上，用圆刀显得干净整洁，无粗糙之感。

3. 砚的品相

据文献相关资料和实地考察可知，按时代一般分古砚、新砚两大类。如秦、西汉期间石砚的基本格式是附有砚杵的圆饼形；西汉至东汉多为圆形三足式；唐代的箕形砚最普遍；宋代则主要是抄手砚；明代进入高潮，讲究文采，名堂极多，真正达到了工艺精巧的程度；清代以后则逐渐衰落。

品相外形犹如人的面貌，应以端正规矩、落落大方为好。因此，尽管砚的造型千姿百态，形状各异，但一般来说，以古朴而随形者为上，仿生、什物形砚次之，异形甚至畸形砚和有残缺破损者为下。

但需要说明的是，砚的鉴赏没有绝对的标准，要看收藏者个人的喜好。如有的人喜欢马形、羊形、猴形、兔形、鱼形、鹿形、蟾蜍形、蝙蝠形、麒麟形、狮子形、龟形、鹦鹉形、仙鹤形、知秋形、花卉形、竹节形、蘑菇形等等的仿生砚，有的人则喜欢如宝瓶形、古钟形、神斧形、石鼓形、珪璋形、井字形、瓦当形、古琴形、宝鼎形、提梁形、琵琶形、布袋形、箩筐形、古币形等等的什物型砚。品相评价属因人而异，不可强求。

4. 砚的铭文

指砚的制作者、收藏者，在砚的有关合适部位的题诗吟咏或者作句留念，这主要是体现在砚的文化价值上。铭的价值除了要看制作者、收藏者的身份地位高低、诗句的意境优劣，还应看它的书写雕刻水平的高下。

如名家的诗句加上名家的书写雕刻，能产生画龙点睛的效果，很大程度上提高了砚的身价；相反，铭若成为画蛇添足的败笔，则倒不如没有的好。砚上有无名家刻铭及铭文书法，很能体现砚的市场价值和收藏价值。

5. 砚装饰

砚的装饰主要指砚匣锦套之类。虽然这些东西不属于砚本身，而仅作为装饰和养护之用，但反过来对砚的优劣也能起到很大的陪衬作用。真正的名砚，砚匣锦套的材料和加工一般都十分考究，放在简陋的包装里面或者根本没什么包装的砚，则很难谈得上有什么档次。珍品砚台，大多用香樟木、红豆杉或紫檀木为木料，并不拘泥于清一色的正方或长方盒子，而是根据砚形随形打造，做到砚与砚匣天衣无缝，自然彰显身份，与众不同。

——地学知识窗——

影响岩石颜色的因素

岩石颜色的变化除造岩矿物本身的颜色外，还取决于一些杂质物。常见的染色物质主要是有机物和铁锰质。这些染色物质的能量很大，哪怕是只有百分之几或千分之几，就足以使石砚的颜色发生强烈变化。如同一盆清水稍加一滴色素，马上会使整盆水发生颜色变化一样。

铁质是一种重要的染色物质，主要取决于它的价态及其比值。例如三价铁呈红色，为红色色素；二价铁呈绿色，为绿色色素。当砚石中三价铁与二价铁的比值发生变化时，石质的颜色可发生明显的变化。如比值大于3时，石质显红色；等于3~1.6时，石质显黄色、棕色等；小于1.6时，石质显浅灰或灰色；近于0时，石质显黑色。还原条件下形成的有机质和铁的硫酸盐等是重要的黑色色素。

砚的历史与文化

阎家宪先生的《家宪藏砚》中对各个时期砚具的发展作了如下概括：新石器时期研磨器——磨盘磨棒，砚的初型。秦汉砚——秦风汉韵，威武庄重。魏晋南北朝砚——魏晋风尚，传祚无穷。隋唐砚——名石名砚，从此诞生。宋元砚——从宋到元，砚集大成。明清砚——帝王墨客，玩砚成风。民国砚——战乱频仍，坑废产停。现代砚——改革开放，又出高峰。

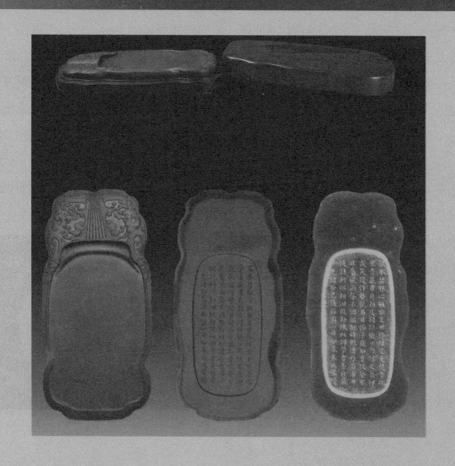

砚的历史沿革

各个时期砚具的发展，在阎家宪先生的《家宪藏砚》（下卷）中作了如下概括：新石器时期研磨器——磨盘磨棒，砚的初型。秦汉砚——秦风汉韵，威武庄重。魏晋南北朝砚——魏晋风尚，传祚无穷。隋唐砚——名石名砚，从此诞生。宋元砚——从宋到元，砚集大成。明清砚——帝王墨客，玩砚成风。民国砚——战乱频仍，坑废产停。现代砚——改革开放，又出高峰。

一、自新石器时代形成砚初型

砚是由磨盘磨棒进化发展而来的，这种观点得到了大家的共识。最先发掘出土磨盘磨棒的地址，是河南新郑7000多年前的裴李岗文化。它是砚的本源，是砚的根。1979年在陕西省临潼县姜寨新石器遗址出土了一套绘画工具，包括带盖石砚、砚杵、颜料和陶水杯。

上述器具的发现，令人信服地说明了砚的历史起源和早期缓慢的发展、改进历程，说明砚的历史是从新石器时代开始

的。当然姜寨砚只是一种研磨颜料的器具，仅是砚的初型。

二、汉朝形成砚的基本型

到西汉时期，砚台的雏形已经形成，当时使用砚杵，在砚台上研磨墨丸而形成书写的染料。1975年湖北凤凰山168号西汉墓出土了一套文具（包括笔、墨、石砚和砚杵、无字木牍和铜削刀）。1983年，广州象岗山西汉南越王墓出土了石砚、砚杵和4 385粒墨丸。上述实物说明，砚的基本功能和基本特征在汉代就已经形成，但当时还没有形成现在所说的墨锭（图4-1）。

▲ 图4-1　汉代带砚杵的砚

砚杵是汉代早期砚的标志物。墨没成锭前，砚都附有砚杵。砚杵的作用是按压、研磨块状或丸状的颜料（红、黄色土块，黑色的煤，后来的墨丸）。早期汉代砚的砚杵，多为自然石块，后发展为方形、圆柱体、上圆下方体，有的砚杵上饰有龙、凤、熊等吉祥物。随着汉末墨锭的出现，砚杵逐渐被淘汰。

汉代晚期，砚在质量、造型和装饰上都发生了变化，质地有石、陶、漆、铜等，以陶为主。有的有盖有腿，腿大多三只。有方形腿、圆柱腿。在盖和腿上有龙、狮、猴、鸟和人物等图饰。

三、魏晋南北朝（公元200-589年）时期的砚

到汉代，书法已渐入艺术化，到了魏晋，则完全进入到纯粹艺术之域。这一

——地学知识窗——

页 岩

页岩是一种沉积岩，成分复杂，但都具有薄页状或薄片层状的节理，主要是由黏土沉积经压力和温度形成的岩石，但其中混杂有石英、长石的碎屑以及其他化学物质。

时期能书善画的人日见增多，出现了如钟繇、索靖、陆机、顾恺之、载逵、王羲之、王献之等一大批闪亮于史册的人物。书画艺术的进步，对砚的要求提高，促进了制砚技术的发展。这一时期的砚，盛行圆盘三足式、四足式，长方形四足式，四方形四足式等。材料大多取自各地山上的页岩、石灰岩等，多就地取材。该时期的砚绝对是实用器具。

四、隋唐五代（公元589-960年）时期的砚

魏晋南北朝时期，由于汉人艺术与外来艺术的融合，渐渐演变成我国独特优异的民族艺术。隋炀帝不但会享乐，而且也酷爱艺术。该时期继承了南北朝信佛的传统，修建庙宇、铸刻佛像，达到了空前的地步，同时促进了砚的制造和雕刻艺术的发展。

唐代的艺术，纯正伟大，可以说达到了空前的境地。在唐代，名砚石的发现和砚的制作也出现了高峰，像产于广东肇庆的端石砚，产于安徽歙州的龙尾石砚，产于山东青州的红丝石砚和产于山西绛县、河南灵宝的澄泥砚，都是在这一时期相继问世的，名砚的尊贵地位也在此时真正确立。

这些名砚虽然出现了，但由于受当

地地域、交通等条件及稀缺性的限制，名砚并没有大规模广泛使用。因陶瓷砚各地都能制造，且工艺相对简单，价格能被一般人接受，可以说唐代和一直延续到五代的砚，最广泛流行的当属陶砚和瓷砚。

五、宋辽金元（公元960－1368年）时期的砚

公元960年，宋太祖赵匡胤在河南陈桥发动兵变，推翻后周，建立了宋王朝。自此结束了安史之乱200年的动荡局面，出现了一段和平时期。

宋太祖赵匡胤统一中国后，虽后来兵弱屡遭外辱，但文艺方面，像建立书画院、研究院，奖励艺术家等，成绩却非常可观。

宋代（包括辽、金）从公元960－1279年，共319年，书法、绘画、建筑都有着伟大的成就。这一时期也出现了像苏轼、黄庭坚、米芾、蔡襄、董源、李成、范宽、宋徽宗、文同等一批有成就的书画大家。

砚学理论方面，有米芾的《砚史》、苏易简的《文房四谱》、高似孙的《砚笺》、康积的《歙州砚谱》、欧阳修的《砚谱》和杜绾的《云林石谱》等，这些著作对砚的发展起到了极大的指导作用。

砚台在品种上发展到40多个，比起唐代，无论数量还是质量都有很大的提高。且宋代石砚成了主流，在造型装饰方面，也日臻精美。形制也更加多彩，有凤字、四直、箕形、斧形、马蹄、日月形、琴形、石渠、太师等几十个品种。雕刻主体部分一般采取深刀，适当穿插浅刀，有时加以细刻点缀。刻工风格浑厚，显得大方、古朴、雅致。

元代的皇族只顾征战，对汉文化的发展并不重视，但在书画方面却出了赵孟頫这样的大家，元代不开采端石，统治者却派兵把守保护，不让人开采破坏。这时期所作砚台用料除前代留下的一些端、歙优质石料外，各地作砚，大多是就地取材。

六、明清（公元1368－1911年）时期的砚

明代是砚成为工艺品的重要历史阶段，由于社会上赏砚及藏砚之风盛行，砚工为了迎合文人雅士的口味，在形式和雕刻上都超过了前代。表现为：

1. 利用天工。利用石上的石品（青花、火捺、蕉白、冰纹）刻出各种纹饰。利用石眼，雕成动物的眼睛。

2. 巧用纹色。利用石上的色彩，雕作山、水、林木、云霞、浪花。

3. 简朴大方。在风格上，与明代家

具一样，简洁雅致。

4. 前厚后薄。明初仍保留前代厚重的遗风，由于砚的需求逐渐增大，为了节省材料，后期砚逐渐变薄，同时，形制上一般不予取直取方，所以自此便出现了各种形态的随形砚。

5. 玩赏砚开始成为风尚。特别是明万历二十八年，老坑开出了大西洞优质石料，出现了只作欣赏不作使用的平板砚。此外，用银、铁、铜、翠玉、水晶等材料制作的原本不能研墨的砚，在社会上也经常见到。

6. 题款刻铭逐渐成风。绘画、书法、篆刻与砚雕融为一体。

七、清代砚的特点

1. 康熙、雍正、乾隆三朝，是砚发展的全盛时期。御用的宫廷砚不惜工本，刻意求奇、求新、求美，风格雅秀精巧。特别是乾隆皇帝弘历，对砚更是情有独钟。

2. 文人砚讲究艺术性、工艺性和观赏性。像高凤翰制作的砚台，纪晓岚收藏作铭的砚台，入眼观赏会有一种高雅脱俗的趣味。由于文人和艺术家的介入，在砚上题跋作铭更成为一时的风尚。

3. 由于社会需求增大和砚进一步向艺术化转化，出现了不少制砚高手。像顾氏一门——顾德麟、顾启明、顾二娘、顾公望，以及金殿扬、刘源、王岫君、高凤翰、梁仪、王复庆等一批门里出身或从艺多年、有独特技能的艺术大师。他们所制的砚台清新典雅，有着浓厚的书卷气息和深厚的艺术底蕴。

4. 清代砚，尤其宫廷砚，尽管清代皇帝很喜欢他们家乡东北的松花石砚，但总的还是以端、歙砚为主流。

5. 伴随着玩砚的热潮，砚学著作和谱录不断问世。像朱彝尊的《说砚》、金农的《冬心斋砚铭》、高凤翰的《砚史》、谢慎修的《谢氏砚考》、纪晓岚的《阅微草堂砚谱》、朱栋的《砚小史》、黄点苍的《端溪砚汇参》、计楠的《端溪砚坑考》、吴兰修的《端溪砚史》、徐毅的《歙砚辑考》、乾隆钦订的《西清砚谱》等，在一个由皇帝带头文人加入的玩砚高潮中，这些著作和谱录是这股玩砚风的成果，也是这股玩砚风的助燃剂。

八、民国至今（公元1912年）的砚

借着清代玩砚高潮的余温，清末民初也出现了一些玩砚的大家，像曾任民国总统的徐世昌和其胞弟徐世章，以及邹鲁、冯恕等。民国年间由于战乱频仍，社会动荡，不少名砚流入到了域外，制砚业进入衰退期。

新中国成立后，百废俱兴，各大博物馆重整旗鼓，广泛征集，大批古砚收入到国家藏馆。各地名砚坑也重新开掘，恢复了生产。改革开放之后，政治稳定，市场活跃，不管古砚和新砚，玩的人多了起来，又掀起了一股新的玩砚热潮。

这一时期砚文化的著作主要有：邹鲁的《广仓砚录》，沈石友的《沈氏砚林》，赵汝珍的《古砚指南》，章鸿钊的《石雅》，徐世昌的《归云楼砚谱》，马丕绪的《砚林脞录》，冯恕的《冯氏金文砚谱》《陈端友刻砚艺术》《天津市艺术博物馆藏砚》《紫石凝英——历代端砚艺术》，蔡鸿茹、胡中泰编《中国名砚鉴赏》，王代文、蔡鸿茹编《中华古砚》《首都博物馆藏名砚》，蔡鸿茹的《中国古砚欣赏100讲》，刘演良的《端砚大全》，穆孝天、李明回的《中国安徽的文房四宝》，石可的《鲁砚》，潘德熙的《文房四宝》，张书碧的《中国天坛砚》，徐文达的《徐氏澄泥砚》，蔺永茂的《绛州澄泥砚》，晨言的《铁砚斋藏砚》，谢志峰的《藏端说砚》，姜书璞的《姜书璞刻砚艺术》，胡中泰的《龙尾砚》，肖高洪的《新见唐宋砚图说》，王靖宪的《古砚拾零》，王青路的《古砚品读》，肇庆端砚协会的《千年风流端溪砚》和《端砚大观》，阎家宪的《家宪藏砚》（上、下卷），刘红军的《砚台博览》，柳新祥的《端砚》，汪向群的《歙砚》，安庆丰的《洮砚》，蔺涛的《澄泥砚》，傅绍祥的《红丝石砚》，关键的《地方砚》和王正光的《砚林文风》等。

砚的雕刻艺术

砚之雕刻，尤其是石砚雕刻，往往与砚的制作工艺融为一体，不同的时代，往往有其独特的艺术特征。有了这种认识前提，我们便能抓住古砚的自身特点来考察不同时代的砚雕。

1. 唐前砚雕

唐代以前，是中国古砚的诞生、流传至基本定型期。这一时期跨度较大，与古墨制造及纸的发明有直接关联。此阶段最为典型的砚雕当推汉砚，汉代砚台已经比较成熟，砚雕颇具朴拙雄健的时代风格。如王靖宪藏汉三足圆形石砚（参见王氏著《古砚拾零》），其砚石质坚密，砚面光滑平整，细润若玉，三足与砚侧相连取平，与砚面垂直，形体庄重，线条简洁规整，砚底刀痕交错，未经修饰，极见古朴劲健之美。汉砚重视实用，但也不失对装饰美的追求，有时在砚足等局部刻成虎、熊、螭龙或其他简单线纹为饰。汉三足辟雍石砚，砚体雕成一大鼓形，环侧上沿一周鼓钉密集，砚面开凿辟雍池，砚下三足壮健有力，足侧即凸雕回纹弧为饰，颇显古拙。还需指出，汉砚往往配有研磨石，此石有时亦雕有纹饰。如王念祥藏汉长方形石板砚，所附研磨石下部呈正方体，上部作短圆柱体，顶面雕一盘龙，通体曲卷，简练抽象，富有装饰美。

汉砚用材多为石或陶，形制多圆形三足、长方四足及长方形石板。亦或有青铜、铁、漆等所制者。其中有一种龟形砚，是汉砚盛行的制式，砚体龟形常雕作昂首行走状，形象生动，多为陶制，其制式一直延续到唐代。

值得一提的是，汉末至南北朝间"凤字形"砚雕的出现。砚家描述其雕琢之形"头狭下阔"，砚首两唇"绰慢"，砚尾二足"狭长"，其状飘逸流畅。此种雕式颇为典型，唐代流行的"箕形砚"及"斧形砚"的雕制均与之有一定的渊源关系。

2. 唐代砚雕

从唐代砚雕的主流形体看，唐砚由前代的圆形渐向长形过渡，砚堂开琢由平面向斜坡演进，于是出现了唐代最为典型的"箕形砚"。这种砚式储墨汁量大，使用便利，属"凤字砚"及"龟形砚"演变发展而来。

前代出现的砚式，如"凤字砚""辟雍砚"等，在唐代继续流行，其雕琢更加流畅，选材日趋讲究。首都博物馆藏唐凤字形歙砚，即选用上等水波罗纹石，砚面淌池，石纹宛若"风乍起，吹皱一池春水"。此砚硕大，雕琢精美规整，充分利用弧线相接而成，至显线条流畅之美，当属唐砚之佳品。

3. 宋代砚雕

宋代是砚台制作十分繁荣的时期，端、歙、洮河诸佳石不断开采，澄泥烧制愈臻精善，从朝廷显贵到一般文人皆以拥有良砚为荣，砚台的实用性与赏玩性已经完美融合。就砚雕言，力求精巧雅致，体现出极浓厚的文人品位。

宋砚的雕刻风格，主于简练纯质，线条干净利索。砚雕的形式，主要体现在两方面：一是承续前代之形制，通过对砚体器形的塑造来实现审美情趣，砚形愈见生动多样；二是发展了砚台周边、四侧及砚背雕刻工艺，开拓了砚雕的空间，留下了诸多山水、人物雕刻的佳作，并极大地影响了后代砚雕的艺术风尚。

由于宋砚体式繁多，见其载籍者不下百种，如抄手砚、覆手砚、太史砚、蝉形砚、斧形砚、钟形砚等，皆是最有代表性的砚式，故砚雕往往因其式而推陈出新，常有引人入胜之妙。如两方宋蝉形歙砚，一大一小，皆雕作蝉形，蝉首为墨池，深而宽；蝉身为砚堂，平而阔。身首间略呈束腰。砚首底部作前足，砚尾背面雕二乳足。由砚背总貌观，颇似女性人体雕塑，足可想见宋代砚工对器物造型艺术美的一种追求。

谈到宋砚雕刻的精细与气象的宏大，不得不首推"兰亭砚""蓬莱砚"等砚式。清人谢慎修《谢氏砚考》曾记"兰亭砚"云："宋薛绍彭兰亭砚卵石，面侧具流觞曲水图，背周云水纹，中镌右军兰亭文，薛道祖书。"兰亭砚在宋代颇为风行，清乾隆御编《西清砚谱》曾收入多方。这类砚雕的共同特点是，以东晋王羲之等人的兰亭修稧为雕刻题材，表现人物众多，山水秀美。宋兰亭紫端砚，为长方覆手形，砚面精雕亭台楼阁，阁内王羲之临案作书，旁有童子奉卷，阁外翠竹摇曳，圆月渐上梢头。又于砚面下方凿环形小溪作砚池，取流觞曲水之意。溪上数桥横架，环溪之内为砚堂。砚周四侧雕刻兰亭聚会诸雅士，人物情态栩栩如生。砚背覆手内镌王羲之《兰亭集序》全文，字迹飘逸流畅。此砚雕工精美雅致，线条简练，刀法利索，当属宋代佳品。

宋砚多讲究材质，往往巧用砚材中特殊的品色雕为别致之形。尤其端溪砚石中的石眼，更是砚工利用的重点。这一雕刻手法，对后代砚雕颇有影响。

4. 元明清砚雕

元砚雕刻受蒙古文化及北方民俗影响较深，有时展示出异域粗犷雄健、大胆夸张的风格与中原文化相互融合的造型特征，有些作品颇为生动可爱。元蟾蜍形澄泥砚，通体雕成一卧地蟾蜍，首上仰，目圆瞪，跃跃欲前。蟾背作近圆形砚堂，平整光洁，堂右上方凿一深圆墨池，若秋湖映月。此砚造型奇特生动，展示完整的具象雕刻，有颇高的艺术价值。李家栋藏元双鱼化龙歙砚，砚堂上方雕二龙左右相向，龙身上腾合抱成双鱼尾，双尾间尚夹一宝珠，形态新奇生动。

明砚雕刻，延续了宋代砚雕的遗风，以洗练简洁为主，刀法考究，刻画形象颇为精细。天津市艺术博物馆藏明十八罗汉洮河砚，砚体作椭圆形，砚面于墨堂四周雕刻宫殿、云龙、海水，砚背浮雕鱼龙戏水图案；砚侧环雕十八罗汉像，采用白描阴刻手法，线条明快简练，运刀苍劲圆浑，罗汉神态各异，有呼之欲出之状。又藏明曹学佺铭凌云竹节端砚，通体圆雕竹节形，制作精良，砚面左上方浮雕螭虎，其右刻篆体"凌云"二字；砚堂平正，堂右上方恰有天然剥蚀小洼，巧作墨池。此砚雕制精巧，兼之材质佳美，宜为明砚上品。

清代因经济文化的发展，砚台制作也达到空前繁荣，砚雕艺术更臻精致华美。以石砚为例，往往能依砚材大小、纹理疏密及石眼高低，精雕细琢成山川木石、风云日月、虫鱼鸟兽、花卉人物等图案。如天津市艺术博物馆藏清古柏端砚雕松石图，清赵国麟铭老子清静经端砚雕人物造像，清阮元铭云林小景端砚雕山水景

观，皆可印证清代砚雕之风格。清高兆铭赤壁端砚，为随形老坑端石雕制，通体依石材自然凹凸之势琢成赤壁图，砚面中间略平处取作砚堂，四周环刻高山流水；砚堂左上方凿二圆墨池，一大一小相依偎，宛如明星伴月；砚背雕赤壁泛舟图，峭崖激湍，气势磅礴。此砚之作，非良工不能为，实可代表清代砚雕的艺术水准。

明清两代雕砚能手辈出，在实践中不断促进了砚雕艺术的发展。如清代著名女雕砚家顾二娘，即为突出代表。首都博物馆藏清髹瓜瓞端砚，便是出自顾二娘之手。此砚取天然端石之形态，刻为扁形瓜状，瓜体自砚背转展至砚面，背部瓜身上方又雕重重小瓜叶、小瓜蔓及累累小瓜，绵延翻卷到砚首正面。砚面在叠连缭绕之瓜、叶、蔓垂覆下，雕作一只展翅大粉蝶，蝶身居中，蝶眼巧用一双石眼，六腿四须伸缩有度，两片蝶翅铺展左右，分别琢成砚堂。通体构思新奇，雕制精湛，刀法传神，堪称绝佳之砚雕艺术作品。

砚文化

从 "研"到"砚"漫长的历史变迁中，砚文化凝就了独特的中华文化。每一方名砚都有极其丰富的文化链接。砚艺术是博大深远的知识海洋，凝聚着中国人的集体记忆和中华民族认同的千年密码。砚文化是我们中华民族的一个精神象征，在中华文化中具有深远的意义。

一、砚文化是中华文明的重要组成部分

许多学者一致认为：中国砚文化肇始于中华文化的源头。砚文化历史悠久，在中华几千年的古老文明史上，对我国民族历史的延续和灿烂文化的传播、交流有着举足轻重的特殊作用，使我国东方的古老文明闪亮在世界的舞台上。几千年来，砚文化在我国各个不同历史时期，受到诸多学者的关注，许多学者从不同的视角研究砚文化，形成了壮观的砚文化成果。据不完全统计，从晋代到清代，关于砚的专门著述就有14种之多，其中宋代的著作有6种以上，给我们留下了宝贵的文化财富。至现代，在继承古人砚及砚石研究的基础上，发展创新，研究更全面、系统，粗略统计主要的著作就在40部（本）以上。砚蕴含了丰富的文化内涵，也具有重要的科学内容，它是集书法、绘画、雕刻、艺术于一身的艺术珍品，成为中华文明的重要组成部分。

二、砚文化是中华文明得以延续的载体

砚文化作为"文房四宝"的重要组成部分，在中华文明的形成、发展和延续过程中，充当着重要的角色。在世界历史长河中，没有哪一个民族的文化像中华民族的文化那样，同书写工具有着密切的关系，也没有哪一个民族的文人像中国古代的文人那样，把自己的书具视如自己的密友。中国文人用"文房四宝"来传达自己的思想、文化、生活和感情，成就了不朽的千秋事业，砚文化对于传承中华文明，对于表达中国古代人文思想，对于呈现中国古代社会生活历史场景，都具

有重要的历史作用。因此，砚是中华文明得以延续和传承的重要载体，砚文化是中华文明得以丰富多彩的重要组成部分。

三、砚文化是中华文化对外传播交流的重要工具

自隋唐以来，砚文化便成为中国文化对外交流的重要工具，承载着中华文化传播的重要使命。在历次的对外交往中，中华砚文化都随着我们的船只漂洋过海，远赴异国，曾经成为欧洲宫廷和日本上层社会人士的最大青睐，受到各国贵族和士人的广泛欢迎。在中华大地上，每一次外国使节的来华觐见、通商、游历，中国统治者的御赐之物中都有"文房四宝"，随着外国使节和中国使节的交流，将这些中国

文人的最为心爱之物传播到了世界各地，成为中华文化在世界各地的代表，成为中华文化对外宣传和展示的工具，是中华文明的传播载体。

应该承认，随着时代科技的发展，砚作为日用文具早已退出历史舞台，新的书写工具早已取代了这一古代文房的实用价值。砚文化的社会历史空间也已悄然转换，就如许多传统文化一样，已离我们渐行渐远。但砚文化带给人们的雅趣，不仅可以让人"发思古之幽情"，也可以令人心如止水，在墨香四溢中清静人的心境。因此，我们更要珍视古老而极文雅的砚文化，保护砚文化，推广砚文化。

Part 5 中国四大传统名砚

砚台历经秦汉、魏晋，至唐代起，各地相继发现适合制砚的石料，开始以石为主的砚台制作。其中采用广东端州的端石、安徽歙州的歙石、甘肃临洮的洮河石制作的砚台，被分别称作端砚、歙砚、洮砚。史书将端、歙、洮称作三大名砚。清末，又将山西的澄泥砚与端、歙、洮，并列为中国四大名砚。

端砚

一、端砚的历史文化

端砚是中国四大名砚之一。端砚以其石质的优良、精湛的技艺，集雕刻、篆刻、文学、历史、书法、绘画、艺术于一体，形成独特的地方风格，享誉国内外，是既有实用价值又有欣赏与收藏价值的艺术珍品，又是具有深厚文化内涵的传世国宝，深受历代文人墨客、收藏者的推崇与喜爱。

据记载，端砚的生产始于唐，盛于宋，精于明，繁荣于清，衰于清末民国，而兴旺于当代。

唐代（618—907年）是我国封建社会的鼎盛时期，在我国文化艺术史上是一个光辉灿烂的时代，但对于实用工艺品端砚来说，由于尚处在初采阶段，还没有形成专门艺术，形制简单，一般无纹饰，多有足，且多为三足砚。从现传的唐砚看，主要是偏重于实用，流行的是箕形砚，它的形状像个簸箕，带足，不分砚堂、砚池，储墨很多。这与唐代书法艺术出现一个高峰，书家需要书写大字，只有研制大量的墨汁才能满足使用有直接关系。

宋、元代是继唐代之后，我国文化艺术史上的又一黄金时代。文臣学士在宋代取得了前所未有的优越地位，文人士大夫阶层更为庞大，他们对文房用品的生产和制作提出了更高的要求，制砚以实用、欣赏并重。形制也比唐代增多，有抄手砚、兰亭砚、太史砚、琴形砚、钟形砚、蟾蜍砚、龟砚等近50余种。重纹饰，盛行镌刻砚铭，并巧用石色，突出石眼等。造纸业的发展也刺激了砚台和其他文房用品的生产和制作。加之到了宋代，雕塑巨像于洞窟摩崖、寺观已渐趋消替，而可陈置几案的小巧玲珑的工艺品雕刻则日渐兴旺，其中石雕以砚最为著名，端砚已被视为全国第一名砚。因此，端砚的开采量大大增加，水岩坑在宋代继续开采，坑仔岩、宋坑、梅花坑、绿端等砚石则都是始采于宋代。此外，墨客骚人对实用、欣赏与收藏的需要，刺激着端砚工艺的发展。因此，宋代端砚的砚形也较前代为多，据《端溪砚谱》记载就有50多种，主要砚形是抄手砚、太史砚等。再者，宋代端砚也越来越重视装饰图案，并突出石眼，且有把端砚作为随葬品的习俗。凡此种种，无不对端砚的艺术发展起到了推波助澜的作用。

明清两代，端砚工艺达到了顶锋。砚式无定型，各具匠心，但因端石大块的不多，故多因石构图，随形雕刻，追求气韵，自然界的草木花果、鸟兽虫鱼、日月风云、山川海洋等无不成为它反映的对象，还有仿古铜、玉、瓷器的砚式等等。广东省博物馆的藏砚中就有茄瓜形、苦瓜形、葫芦形、桃形、荷叶形、蕉叶形、竹节形、竹笠形、鱼形、螺蚌形、布袋形、佛手形、飞云形、山崖图形、古琴形、钟形、鼓形、钺形、兽耳瓶形、仿古钱式、仿哥窑瓶式、平板式、杂形滑菱式、随形、椭圆形、长方形、抄手砚、太史砚、井田砚、两面砚等砚形砚式。砚堂、砚池也因砚石质地、砚形及反映的题材内容的不同而因材施艺，不拘一格，使整个砚台更加协调。此外，还有一种以圆为特点的端砚，砚堂是圆的，砚池环绕包围着砚池。

明代端砚制作精细，因材施艺，纹饰简洁高雅，物象生动活泼，题材丰富，镌刻砚铭成风。明代端砚已有了较高的艺术欣赏与收藏价值。在继承唐、宋传统制砚的基础上，有所创新，创出了更多的砚形，如椭圆形、神斧形、古鼎形、龙凤、山水、人物、花鸟等近80余种。

清代砚台雕刻不但注意形制，而且注重砚石的选材，砚的形制多种多样，并形成各具特色的流派风格。雕砚名家、藏砚名家、鉴赏名家人才辈出。

明清端砚雕刻的纹饰和题材内容也更加广泛、丰富，按纹饰类型及内容的不同可分为：①植物类：棉豆、瓜藤、瓜叶、荷花、玉兰花、牡丹花、苍松翠柏等等；②动物类：鹿、马、蜂、猴、牛、松鼠、蝙蝠、蜘蛛、白鹤等等；③动植物混合类：花鸟、草虫鸣蝉、瓜瓞双蝶等等；④自然山水类：五岳图、山石松云、太阳、月亮、云海纹、卷浪纹等等；⑤仿古类：云纹、回纹、弦纹、几何纹、饕餮纹、龙纹、龙凤纹、方格纹、鼓钉纹、兽面纹、云蝠纹、云纹纹、云蝠腾龙、橘皮地云龙、云龙猛虎、双龙戏珠、卷草瑞兽等等；⑥器物类：布袋、绳带、琴套等等。

需要特别指出的一种现象是，明清

尤其是清代端砚的造型和装饰也与其他工艺品一样，普遍含有吉祥的内容。这类装饰图案，大部分是图必有意，意必吉祥。最多的是通过动物等的谐音谐意，或者寓形寓意加以表现，寓意隐讳、含蓄。

清末至民国年间，由于当时政府的腐败无能，导致内乱外患，战火连年，端砚受此影响也开始衰落。名坑大都停采荒废，艺人流离失所，改行务农，端砚的生产开始出现衰落并中断。民国时期是端砚有史以来的低谷衰落时期。

新中国成立之后，政府对端砚这一优秀传统产品十分关怀与重视，端砚的生产很快得到恢复与发展。20世纪50年代末60年代初，各大名坑的端砚石矿基本恢复开采。70年代末，国家轻工业部还投巨资对著名老坑岩从技术、设备、安全等方面进行了全面改造，并加强了管理。改革开放以来，随着人民生活水平的不断提高，欣赏与收藏砚台的人越来越多，促进了端砚的生产和技艺的进一步发展。端砚的发展如雨后春笋，迅猛异常，从事采石、运石、雕刻、经营端砚的人越来越多。

据调查，20世纪90年代末，端砚年产量约在50万方，比80年代初期端砚年总产量的5 000余方增长100倍；90年代末平均每年端砚的产值约为1.5亿元，比80年代初期平均每年产值250万元增长60倍；从业人数也由80年代初期的600余人增长到90年代末的1万余人。

二、端砚石的产地及石质特征

端砚自唐初开采至今，断断续续基本上没有停止过。清代开采的砚坑最多，据清道光何传瑶《宝砚堂砚辨》记载，约有70处。现在可找到具体位置并在国家地形图上定位的新旧砚坑口约有42处，目前在开采的砚石有十多种（图5-1）。

端砚的产出地，位于肇庆市以北的西江两侧。主要分布在以下几个地段：

1.西江羚羊峡以东斧柯山一带，即端溪水以东地段，连绵十多千米，端砚最优质的砚石主要集中在这一带，主要砚坑有老坑（又称水岩、皇坑）、朝天岩、宣德岩、宀罗蕉、绿端、坑仔岩、麻子坑、古塔岩。

2.西江羚羊峡北岸的羚羊山，主要砚坑有龙尾青、木棉坑、白线岩（内有二格青、青石、红石）、有冻岩。

3.肇庆市七星岩背后北岭山一带，从西至东，连绵30千米，统称宋坑，主要有浦田青花、榄坑、盘古坑、陈坑、伍坑、东岗坑、前村坑、蕉园坑、绿端等。

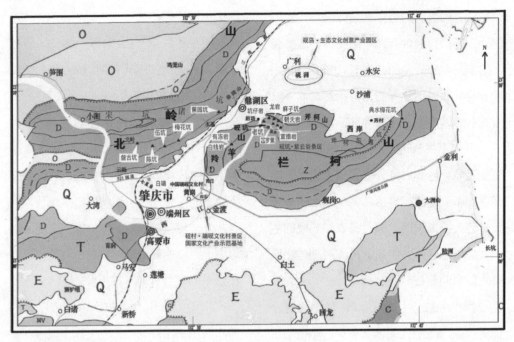

图5-1 端砚文化旅游景区及砚坑分布

4.鼎湖沙埔斧柯山以东地段，连绵约30千米，这里有丰富的砚石资源，砚坑众多，除典水梅花坑、绿端外，统称为斧柯东。

5.白端开采于七星岩，因白端石不发墨，常作朱批之用，且七星岩是风景区，禁止开采。

在诸多的砚坑中，以老坑、麻子坑和坑仔岩三地之砚石为最佳，被称为三大名坑，其中尤以老坑石最为名贵，有"端石一斤，价值千金"之说。也有五大名坑的说法，是指除上述三大名坑外，还有梅花坑和宋坑。

1. 老坑

老坑砚石外观上看，青灰中微带紫蓝色，石纹细腻而幼滑、娇嫩、致密而坚实。砚石处于其邻近的西江水位线以下，长期受地下水浸泡，石质优良，是端砚中最为名贵的砚料（图5-2）。

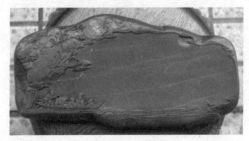

图5-2 老坑端砚

老坑砚石岩性为泥质板岩，呈显微

变晶结构，板状构造，主要由水云母组成，还有赤铁矿、石英、绿泥石、碳酸盐类，微量矿物有电气石、金红石、黄铁矿等。赤铁矿呈微粒状，相对集中成环带状的晕圈时，则谓之为"火捺"。

——地学知识窗——

电气石

电气石的人工艺品名叫碧玺，电气石是一种硼硅酸盐结晶体，并且可含有铝、铁、镁、钠、锂、钾等元素。正是由于这些化学元素，电气石可呈现各式各样的颜色。

古人曾赞美老坑砚石具有"体重而轻""质刚而柔"的特点。即老坑砚石从表面看呈紫蓝色略带青，眼观有沉重的感觉，但用手拿时，使人感到比看起来的感觉要轻些。所谓"质刚而柔"是从雕琢和研墨的角度来说的，老坑砚石质地坚实而又带柔性，这种柔性即古人所谓"若小儿肌肤，温软嫩而不滑"。假如用手心轻按老坑砚的砚堂，旋即会出现滋润的水汽。这些特点是因为老坑砚石结构细腻、胶结致密而显示的特征，同时也是由于这个原因，敲击它时发出"笃笃"的木声，即所谓"扣之无声"，"磨墨亦无声"，缺少铿

锵之声。又由于老坑砚石中含少量的硅质，所以还有"久用锋芒不退"的优点。老坑砚石长期受地下水浸泡，致使砚石细腻娇嫩、滋润到可以"呵气研墨"的效果。

2. 坑仔岩

坑仔岩又名康子岩，亦有人称岩仔坑。它位于老坑以南半山之上，距老坑洞仅200多米。坑仔岩在停采近百年后，于1978年底重新开采。坑仔岩砚石质优良、幼嫩、纹理细腻、坚实且滋润，质量仅次于老坑，同麻子坑在伯仲间。坑仔岩砚石不像老坑或麻子坑那样层次分明，也不如老坑或麻子坑砚石色彩斑斓。石色青紫稍带赤，颜色花纹均匀。石品花纹中有蕉叶白、鱼脑冻、青花、火捺以及各种石眼，尤以石眼多著称。其石眼色翠绿（间有黄色），有的作七八重晕，黑睛活现，形似鸟兽之眼（图5-3）。肇庆市场上坑仔岩坑口所产砚台的存货，比老坑和麻子坑加起来还多。因为石质好，量稍多，价格相对比较合适，是三大名坑中的主打产品。

▲ 图5-3 坑仔岩紫端

3. 麻子坑

麻子坑位于老坑之南约4千米处,洞口在山岩上,距山脚下的端溪约600米。该处山坡陡峭,怪石嶙峋,山道崎岖险峻,攀登不易。据说麻子坑是清朝时一位叫陈麻子的砚工发现的,但巧合的是,在端溪一地,也只有这个坑的石料有麻子点,这成了辨认麻子坑石的特征之一。麻子坑砚石质地高洁,优质的麻子坑石可与老坑石媲美。一般来说它仅次于老坑,而与坑仔岩同档。如用各自坑口的最佳石比较时,则又胜于坑仔岩(图5-4)。

🔺 图5-4 麻子坑端石

麻子坑砚石层次清晰,分三层,开采时容易辨认。麻子坑砚石色泽油润,青紫中略带蓝色,近似老坑砚石的色素,如不细看,容易与老坑混同。以水湿之观察,色彩丰富斑斓。砚石中有鱼脑冻、蕉叶白、青花、火捺、猪肝冻、金钱火捺、天青、天青冻以及石眼等石品花纹,石眼尤佳,多碧绿,且作数层,可制成高档砚材。

4. 梅花坑

梅花坑采石始于宋代,呈苍灰白微带青黄色,似梅花鹿的皮毛,具有石质好、下墨快的特点。梅花坑是端石五大名坑之一,集鉴赏、实用、馈赠、收藏于一体。梅花坑的砚石以多眼为主要特征,但它的石眼不如三大名坑的精莹而翠绿,而是偏向浑黄色。梅花坑是端石中最好辨别的石料。因价格相对便宜,所以梅花坑砚台是销量最大的端砚之一(图5-5)。

🔺 图5-5 梅花坑端砚

5. 宋坑

端砚五大名坑的再一处就是宋坑。宋坑因在宋代被发现开采而得名,但宋坑非指一个坑洞,而是有盘古坑、陈坑、伍坑、蕉园坑等好几处岩洞。这些坑口均位于市北郊七星岩后面的北岭山一带,西起三榕峡,东到鼎湖山,又因七星岩以北将军岭下有将军坑产砚石,前人也有称宋坑为将军坑的。宋坑砚石由于产石区域面积近百平方千米,所以石质、石色有较大差异。一般来说，宋坑砚石石色凝重而浑厚，这是其主要特征之一（图5-6）。

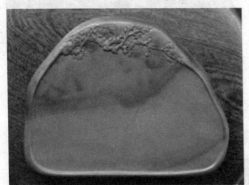

△ 图5-6 宋坑端砚

宋坑砚石好的石料石质细密，润滑细腻，下墨快，发墨好，可作高中档的雕花砚材。在端溪各坑砚石中，宋坑砚以下墨快而著称，这与宋坑砚石中的"金星点"有关。不过，就研磨出的墨汁的细腻、油润程度而言，宋坑比起三大名坑来有所逊色。所以要书写奔放、流畅、笔力劲健的大字，可以用宋坑砚研墨，而要画严谨精致的工笔花鸟、人物画和书写工整的蝇头小楷，用老坑、麻子坑和坑仔岩砚磨墨则更加合适。

6. 绿端

绿端采石始于北宋，砚石最早在北岭山附近开采，可能因砚石枯竭，就转移至朝天岩附近开采。现在绿端砚石与朝天岩砚石混在了一起，上层为绿端，下层是朝天岩。绿端石色青绿中微带土黄色，石质细腻、幼嫩、润滑。最佳者为翠绿色，纯浑无瑕，晶莹油润，别具一格（图5-7）。目前，绿端也是一种较为名贵的端溪砚石之一。

△ 图5-7 绿端

7. 斧柯东

因产于斧柯山东麓地域而得名。此地自明末清初曾断断续续地开采过砚石，因一直是沙浦镇辖区，故有些人还习惯称这一带产出的端石为沙浦石（*羚羊峡以东鼎湖区沙浦诸坑也称沙浦石*）。现在肇庆很多人将沙浦石称之为新麻坑或斧柯东。斧柯东石质比其他名坑略显粗糙，但坚硬致密，石品纹理丰富（图5-8），实用性

△ 图5-8 斧柯东端砚

很强，因价格相对便宜，所以往往更适合
用于中低端的消费人群，特别是个人使用
或是作为礼品馈赠他人。

三、端砚的石品花纹

根据砚石的颜色，端砚石分为紫端
石（图5-9）和绿端石（图5-10）两个大
类，以紫端为主。

图5-9 紫端

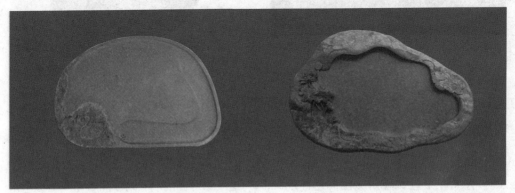

图5-10 绿端

紫砚石的致色矿物为铁矿物。岩石
名称为含铁质、粉砂质水云母、绢云母板
岩。组成砚石的主要矿物为水云母以及轻
变质的绢云母和少量的铁矿物、石英碎
屑。绿砚石的岩石名称为粉砂质水云母、
绢云母板岩，与紫砚石的根本区别是不含
或含有极少铁矿物。绿砚石中的绿泥石一
般仅1%，但分布较均匀。

端砚之所以名贵，除了有独特的石
质外，还因有丰富多彩、变化莫测的花
纹。这些花纹是由于某些矿物的局部聚集

形成的，它们在端砚石中以白、青、蓝、
红、褐、绿等颜色组成各种图案，有的成
块状、有的成斑状、有的成花点状、有的
成线状。端砚艺人们依据这些花纹的大
小、形状，分别用与自然界某些物象相似
的名称来命名，并巧妙地运用到端砚的艺
术创作中，大大提升了端砚的价值。

端砚的主要花纹包括：石眼、鱼脑
冻、青花及天青、蕉叶白、冰纹和冰纹冻、
火捺、金银线、翡翠、黄龙纹、五彩钉、
硃砂斑等等。现将其基本特征介绍如下：

1. 石眼

端砚石眼其实是一种天然生长在砚石上，有如鸟兽眼睛一样的名贵花纹。石眼呈翠绿色、黄绿色、米黄色、黄白色、粉绿色，大小不一，一般直径是3～5毫米，也有个别达到8～15毫米的，而且神态各异（图5-11）。其形状如鸟兽的眼睛，犹如晶莹可爱的明珠。但它在各名坑中，又有很大的不同，因大小、色泽、形态各异，各具特色：老坑石的石眼，色淡绿，多榄形；麻子坑石眼，色碧绿或绿中带黄，形近腰围，质粗；坑仔岩的石眼色彩最为丰富，有翠绿、黄等，小如绿豆，形圆，显得晶莹；宋坑的石眼色灰带黄，质粗，形圆；梅花坑的石眼色泥黄，多死眼，有的眼有裂纹，但其含量最多，一件不大的砚石可达数十颗乃至百颗以上。《端溪砚史》记述端砚石眼"圆晕相重，黄黑相间，鳅睛在内，晶莹可爱……"。

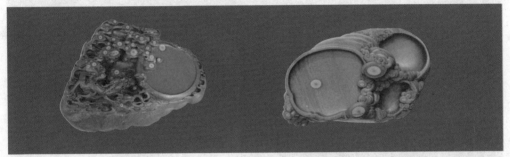

▲ 图5-11 端砚的石眼

端砚眼的种类繁多。以形定名包括鸲鹆眼（图5-12）、鹦哥眼、凤眼、鹩哥眼、雀眼、鸡公眼、猫眼、象眼、绿豆眼、猪鬃眼、象牙眼等。按其在砚面的位置定名包括高眼和低眼。石眼出现在墨池顶端者叫高眼，长在其他位置者称低眼。根据石眼中是否有瞳子，又分为死眼和活眼。

2. 鱼脑冻

是端砚非常名贵的石品，有如受冻的鱼脑而得名。鱼脑冻是端砚石中质地最

▲ 图5-12 鸲鹆（qú yù）

细腻、最幼嫩、最纯净之处。其色泽是白中有黄而略带青，也有的白中略带灰黄色。最佳的鱼脑冻应该是洁白、轻松如高空的晴云，其白中带淡青，或白中有微黄略带淡紫色，色泽清晰透澈，有的又如棉絮一样，有松软的感觉，即所谓"白如晴云，吹之欲散；松如团絮，触之欲起"。因其非常珍贵，砚工一般都把有鱼脑冻的那部分完整地保留在墨堂之中（图

5-13）。

一般情况下，鱼脑冻的外围都有"胭脂火捺"包围着，这种胭脂火捺是火捺中最为名贵的，其色泽鲜艳，紫中带红。鱼脑冻中又多见青花。鱼脑冻只在极少数的老坑、麻子坑、坑仔岩砚石中出现。它之所以名贵，不仅因为有很高的欣赏价值，还因它与发墨好有直接的关系，凡是有鱼脑冻的料石必定品质特好。

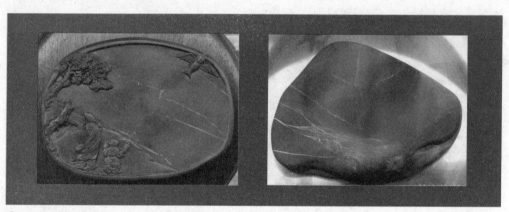

图5-13　鱼脑冻

3. 青花及天青

青花也一种十分难得而名贵的端石石品。有青花的端砚石石质细腻、幼嫩、滋润。它是呈青蓝色的微小斑点，一般要湿水方能较为清楚地显露出来。

端石中的天青较为少见，古人所谓"如秋雨乍晴，蔚蓝无际"的是上品天青。说得更具体更明白一点，在端砚石中色青而微带苍灰，纯洁无瑕者谓天青，即

恰如临近黎明前的天空，深蓝微带苍灰色。它是端石的青花最密集之处，也可以说天青就是青花的聚集空间，由各种青花聚集在一起就形成了天青。故说天青是非常难得、罕见的，也是端石中十分细腻、幼嫩、滋润之处。名贵的浮云冻往往在天青的位置出现，即以天青作地色，这样的浮云冻就显得更名贵（图5-14）。一般来说，只有极少数的老坑、麻子坑以及坑

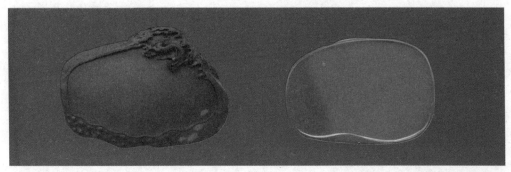

△ 图5-14 天青

仔岩才有天青的出现（旧古塔岩偶尔会出现天青，但是微乎其微）。天青以老坑及麻子坑为佳。

4. 蕉叶白

蕉叶白又称蕉白，形状如蕉叶初展，含露欲滴，上下四旁有火捺花纹装饰，是端石的另一名贵石品。古人对蕉叶白评价极高，赞美备至。蕉叶白处细嫩，石质较软，易于发墨（图5-15）。三大名坑中主要产于老坑。

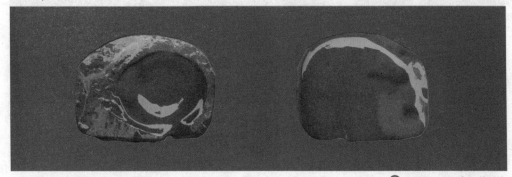

△ 图5-15 端砚蕉叶白

5. 冰纹和冰纹冻

冰纹是老坑独有的一种石品花纹。它白中有晕，向两边融化，似线非线，似水非水，与砚石本身融为一体，而不像金银线那样将砚石分割开来。冰纹有纯洁朴素之感，质地细嫩，形态自然。冰纹冻是一组面积较大的冰纹，如一幅瀑布倾泻而下，在"瀑布"的四周有白茫茫的霞雾或似披上轻纱幔帐。如外围有火捺环绕，则是非常名贵的冰纹冻，唯老坑砚石中偶有出现（图5-16）。

图5-16　端砚冰纹和冰纹冻

6. 火捺

火捺又称"火烙"，好像用火烙过的痕迹，又如被熨斗烫焦，呈紫红微带黑色。火捺有老、嫩之分，老者紫中微带黑，嫩的紫中微带红。火捺又分为胭脂火捺、金钱火捺、马尾纹火捺、铁捺、火焰青等，其中胭脂火捺、金钱火捺是名品，特别是金钱火捺比较少见，最为名贵，如果出现在砚堂的中心部位，就更为难得（图5-17）。

图5-17　火捺

7. 金银线

是多见于老坑砚石的石品花纹（坑仔岩、麻子坑和最近开采的冚罗蕉砚石在偶然情况下也有发现）。它呈线条状横斜或竖立在砚石之中，黄色者称金线，白色者称银线（图5-18）。

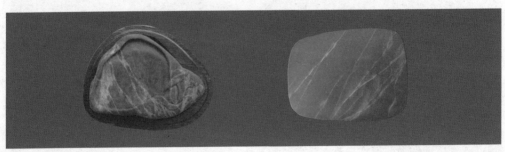

图5-18　金银线

8. 翡翠

在石料中呈翠绿色的圆点、椭圆点斑块或条状。翡翠在端砚石中亦是名贵的，分翡翠点（图5-19）、翡翠斑、翡翠纹（图5-20）、翡翠条和翡翠带。

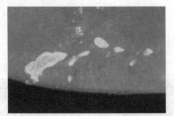

▲ 图5-19 端砚翡翠点

▲ 图5-20 端砚翡翠纹

9. 黄龙纹

色泽似由土黄、黄褐、米黄及青绿、苍灰混合而成。有时会在砚石表层出现，跨度较大，呈条带状。黄龙属石疵类，但如果巧妙利用，可造出"巧夺天工"的作品。黄龙纹在宋坑、坑仔岩或梅花坑等坑口中时有出现，麻子坑和古塔岩较为少见（图5-21）。

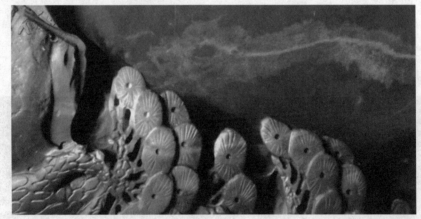

▲ 图5-21 端砚黄龙纹

10. 五彩钉

五彩钉又称五彩斑，白质地色中夹杂绿色、墨绿色、黄色、赭石色、青蓝色、紫色的斑块，犹如镶嵌在砚石中。名砚谱记载，端溪水岩砚石五彩钉，不是为了赏玩而是为了鉴定。古人称为石疵，没有列为石品。《宝砚堂砚辨》云：端溪"大西洞有白质五彩钉、绿质五彩钉。钉之坚实拒刃，杂坑所无。世人借此辨真赝。然皆石之疵也。正洞有绿质五彩钉、朱砂质五彩钉，小西洞只有朱砂质五彩钉，东洞无"。《砚史》云："白质五彩钉即五彩梅花钉也，宝光闪烁与他洞迥别。然石工往往嵌填他石以欺人，不可不辨。"

五彩钉十分坚硬，拒刀凿。它犹如人的老年斑，是端石中最大的石病（图

5-22）。但事物好坏往往是变化的，它虽是石疵，但却因为是老坑独有的花纹，所以就成了老坑石的天然标签，可以以其辨别是否是老坑砚石，有时还可以在创作设计中派上用场。

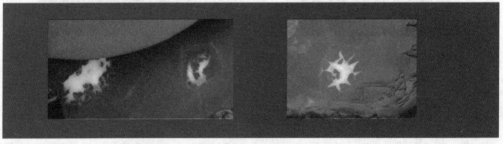

⬆ 图5-22 五彩钉

11. 硃砂斑

硃砂斑也称朱砂钉，但称之为朱砂点似更合适，偶尔在老坑砚石中出现，像黄豆般大小，最大的直径也不超过1厘米，呈朱砂色，质比砚石稍硬，但无碍于研墨，如果位置得当，还会起到点缀作用（图5-23）。

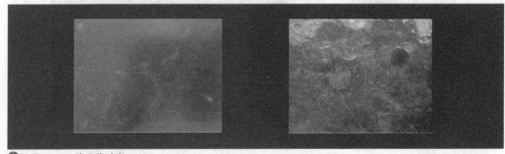

⬆ 图5-23 端砚紫砂斑

上面介绍了端砚的11种主要花纹，但端砚的石品花纹远不止这11种。现代端砚的研究者将其中的黄龙纹、五彩斑（有称五彩钉）、硃砂斑（有称朱砂钉）列为石疵类。实际上，是否将其列为石疵并不重要，只要设计师及雕刻师将其合理利用，都是难得的装饰花纹。

另外，上述花纹通常不是孤立存在

的，往往形成花纹组合。这里不说大家也知道，多种花纹并存的砚更具收藏价值。如下图中的坑仔岩《松枫砚》砚，其中有蕉叶白、火捺、黄龙纹、金银线等花纹（图5-24），使砚在庄重大方的基础上，又显得色彩斑斓，引人入胜。

▲ 图5-24　端砚　坑仔岩《松枫砚》蕉叶白、火捺、黄龙纹、金银线等

四、端砚的雕刻艺术

鉴定端砚雕工，除察看砚雕技术，如线条的挺括、形象的逼真生动等外，更重要的是"判断年代"。所谓判断年代就是通过对砚台的造型、图案内容的审定、研究，断定它是什么朝代的作品，从而判定其文物价值。

明代以前，由于砚材容易得到，砚的造型大多端方正直，有纹饰的十分少见。后来，优质砚材逐渐稀少，砚价升高，于是"镌山水鱼虫花卉于池上"的风气慢慢兴起。初唐，端砚突出实用，砚面毫无装饰和雕工，砚形大多是长方形或方形，砚底多出脚，有的砚底及两侧刻有砚铭，砚的池头开始雕刻内容，以山石、花鸟及仿古图案为主的简单图纹，构图严谨，线条洗练，风格粗犷，豪放大方。当时的砚多为箕形、凤字形。宋代的端砚，构成简练，主体突出，造型大方，古朴雅致，主体采用深刀雕刻，穿插浅刀，有时有细刻点缀。明代，端砚的题材、砚形、砚式、设计和雕工又有相当发展。从题材上看，内容丰富了；从砚式上看，明代一方面继承了唐宋以来的砚式，另一方面在此基础上又创造了新的砚式，如蛋形、古鼎、金钟、瓜果，还有单打砚、走水砚和淌池砚等；从雕工上看，构图饱满，精雕细刻，有浓郁的生活气息和地方色彩。明代推崇"平板砚",又称"砚板",采用特别优美的砚材,形制一般取长方形,只进行剖平、磨光,不雕琢,不开墨池和墨堂。文人和嗜砚石者视此为宝物,价格颇高。清代端砚更加重视雕工,使端砚的雕琢更趋艺术化。精雕细刻,是端砚花纹的基本特征。

五、端砚的收藏价值

端砚历史悠久,石质优良,雕刻精美。20世纪80年代,日本及东南亚地区收藏者对端砚艺术价值的认可,使其收藏价值和投资价值进一步提升。近年来,随着端砚文化节的举办,端砚市场不断升温,"文房四宝"界、收藏界、艺术界以及更多的砚石爱好者越来越重视端砚,对端砚的工艺价值愈加青睐,使端砚的收藏和投资价值与日俱增。1993年4月在香港举办的一场拍卖会上,一对清代长方带眼松树端砚(长34.1厘米),就被人以36.8万港元的高价买走。明朝的金家刻铭端砚和海水纹端砚,曾拍出22万和10.58万港元的高价,清代麒麟形端砚则以15.5万元成交。近年来,端砚拍卖价格持续上升,如一方"端州八景"的老坑端砚卖出98万元;在端砚文化节时,一方"中华九龙宝砚"则以200万元天价成交。

古端砚价值很高,但现在一掷千金而求一砚的买家毕竟少数,对于大多数收藏者和投资者来说,那些目前价格不太高、制作精良的现代端砚应成为首选。只要认真从石质、石品花纹和雕刻工艺方面深入研究,择优购入,必将获得较大的升值空间。

端砚之所以名贵,其一是因为材质优良。端砚石质幼嫩、纯净、细腻、滋润、坚实、严密,制成的端砚还具有呵气可研墨、磨墨细无声、贮水不损耗、发墨不伤毫、冬天不结冰的特点,在文人墨客眼里,端砚被视为珍宝。

其二是石品花纹丰富多姿。端石具有独特、丰富的石品,端砚问世之初即以其砚石中天然生成的绚丽石品花纹倾倒了世人。唐代诗人李贺的《青花紫石砚歌》,其标题就点出了端砚的珍贵石品"青花"。除青花之外,还有石眼眼、冰纹、鱼脑冻、蕉叶白、天青、金银线等。端石石品花纹的丰富,可谓"文斑绚丽、玉德金声"。

其三是雕刻工艺精湛。古今端砚的艺术价值均体现在构图设计与刀法琢工之上,制砚技术是我国民族雕刻中的一种独特形式。砚的造型,体现着雕刻、绘画、书法、篆刻以及文字等方面的修养。既要随石赋形,因材施艺,又要兼顾实用,依据研磨和贮墨的需要进行设计。李贺诗曰："端州砚工巧如神，踏天磨刀割紫云。"是对紫色端砚上雕刻着精湛花纹的称赞。至于砚石的某种缺陷或石疵，能工巧匠会施以繁美华丽的雕饰或独特造型，取得掩瑕为瑜的效果，使古人视为石疵的砚石变为难得的端砚特有石品，反而增值。

歙砚

一、歙砚的历史文化

歙砚驰名于唐代，至今已有1000多年历史，据宋人洪景伯《歙砚谱》记载，唐开元年间，歙州猎户叶氏逐兽至长城里（地名），见到山溪里，叠石如城，莹洁可爱，携归成砚，由此歙砚始闻天下。李晔《六砚笔记》云："端溪未行，婺石称首。""至今唐砚垂世者龙尾也。"由此可知歙砚始于唐代开元年间，是确凿无疑的。唐元和年间，著名书法家柳公权在《论砚》一文中，已把端砚、歙砚、洮砚、澄泥砚列为全国四大名砚。唐咸通年间，文学家李山甫有赞歙砚诗："追琢他山石，方圆一勺深，抱才唯守墨，求用每虚心。波浪因纹起，尘埃为废侵，凭君更研究，何帝值千金"。

歙砚作为御赐品，始于唐末。《清异录》载，"开平二年"（公元908年），梁太祖朱温赐宰相张文蔚、杨涉、薛贻"宝相枝"（斑竹笔）各二十，龙鳞月砚各一。南唐后主李煜视歙砚为"天下之冠"，第一次在歙州设置了"砚务"，擢砚工李小微为"砚务官"，派石工周全之专门搜集佳石为宫中造砚。由于国主的重视，歙州一带的制砚业就更为兴旺了，歙砚的身价从此扶摇直上。由帝王设置砚务官督采歙石，算得上是破天荒的盛举。可以说，这是歙砚最辉煌的时代，也是中国砚史上最辉煌的一页。

南唐败亡后，歙石开采停产50年。到了宋代，歙砚进入大发展时期。此时的歙砚雕饰线条光洁明快，整体大方浑厚。所刻人物多为单线阴刻，也有刻线与半浮雕结合的。同时出现了突出石上星眼纹色，并对其加以巧作的技艺。景佑年间（公元1034-1037年），歙州太守钱先芝调查到河水已经淹没了南唐歙砚砚坑，便"仙芝改其流，使由别道行"，由县令曹平主持使老坑坑口重新露出水面，歙石才得以大规模复采。但不久即"县人病，其须索复溪流如初，石乃中绝"。直至歙州太守王君玉继续开采歙石，复改溪流遵钱公故道而后所得尽佳石也。此次收获颇丰，水舷坑、水蕨坑、眉子坑等名坑皆在此次开发。后来在嘉佑年间（公元1056-1063年），县尉刁谬任职期间重拾故坑，又开采了一次，亦属宋代最后一次开采。

元代歙石的开采基本上是在宋代旧坑的基础上进行的。元代至元年（公元1277年），时任县令的汪月山为了迎合达官贵人，发数都之夫力去挖掘歙石，结果石尽，山压死数人乃已，接着又前往紧足坑挖掘，很快亏空，及至元五年，此坑亦宣告塌陷。此后便长期停采，砚工们只好沿流拾残圭断壁来制砚，供难应求，出现以他山顽黝之石冒充佳石之乱象，使歙砚声誉大减。明代到清康熙雍正年间也都无开采记录，直到清乾隆四十二年（公元1777年）才又开采，期间停采达500年之久。

明清两代是歙砚成为一种工艺品的重要历史阶段，社会的不断进步、生产技术的日益提高，为歙砚更具观赏性提供了技术保障，歙砚已由朴素的实用品演变为精美的艺术品，进而成为文人雅士的收藏品。道光年间（公元1821-1850年），歙砚仍为定期献给朝廷的贡品。据《歙县志》载："道光间，每年三贡，每贡两份，六方者四匣，二方者两匣，共二十八块歙砚，定期以贡朝廷。"但自嘉庆至光绪末年，这一段时间至今未发现歙石开采记录。明清时期的歙砚与其他工艺品制作一样，受徽州的砖雕、木雕、石雕影响，都达到了空前的繁荣。从制砚工艺上来看，无论是造型还是构图，都达到了沉稳精练的程度，具有端庄敦厚的艺术特征。

新中国成立以后，歙县、婺源县有关部门派出专人赴龙尾山对古砚坑进行调查和勘查。从1963年起，恢复了传统的制作工艺，同时采用现代科学方法探索歙砚石的发墨机理、歙砚石天然纹饰的成因及砚石的评价标准等，使砚材资源得到进一步的开发和利用。改革开放以后，黄山市歙县政府更是重视歙砚艺术和产业，出台政策、采取措施、注入资金扶持发展，为繁荣歙砚艺术和歙砚产业创造了条件，并于2006年成立了歙砚协会。

在歙砚的发展历程中，形成了诸多

的专著文献，主要有：宋·唐积：《婺源砚图谱》，宋·洪景伯：《歙砚谱》，宋·曹继善：《歙砚说》《辨歙石说》，元·江光启：《送侄济舟售砚序》，明·江贞：《歙砚志》，明·叶天球：《歙砚志》，清·徐毅：《歙砚辑考》，清·汪扶晨：《龙尾石辨》，当代·歙县第二轻工业局《歙砚志》，当代·程明铭《歙砚丛谈》《歙砚与名人》《中国名砚》《中国歙砚研究》。

二、歙砚石的产地及石质特征

1. 砚石的产地

自宋·唐积《歙州砚谱》始，众多文献、论著中，都描述过歙砚石的坑口分布状况。20世纪60年代至80年代，安徽歙砚厂、安徽省地质局332地质队以及江西婺源县有关部门等，对歙砚石坑口进行了大规模探寻及普查工作，验证了砚石主要分布在风景秀丽的黄山山脉和白际山脉之间的歙县、休宁、婺源、祁门、黟县、绩溪诸县境内，以婺源县砚山的龙尾砚石最知名。历史文献中记载的其他地名，属历史上辖区变更和地名变更引起的。

（1）婺源县砚坑

①砚山（龙尾山）的砚坑：砚山村位于江西省婺源县龙尾山脚下，龙尾山出产的砚石称龙尾石。砚山（龙尾山）及其附近的砚石坑口主要有：

眉子坑：在龙尾山中，距芙蓉溪30米左右。唐开元年间开始开采，宋代达到高峰，元代之后未见有关开采的文字记载，20世纪60年代初重新发掘。此坑从上至下分为三处：上坑（主要石品有鱼子纹、线眉、鳝肚眉纹、白眉、龟背、枣心眉等）、中坑（主要石品有粗眉、长眉等）、下坑（主要石品有细眉纹、短眉纹、暗细罗纹等）。上坑眉纹偏细，折光不强烈；中坑的眉纹比较长、较阔，眉纹之间交织较多；唯下坑所出的眉纹最典型，其纹色清晰，石质莹润光洁，为上品。另外，眉子上坑以及之上的部分石层中，有些石头也是优质砚石，主要石品有鱼子纹、鱼子金圈等（图5-25）。

▲ 图5-25 眉纹坑砚石

罗纹坑：位于眉子坑东侧，南唐时开采。石品有粗罗纹、细罗纹和刷丝纹等（图5-26）。

▲ 图5-26 罗纹坑砚石

水舷坑：位于眉子坑下芙蓉溪旁，南唐时开发。矿坑低于溪床下5～6米，常年水淹，开采十分困难。此坑于1979年和1986年两度集中人力、物力进行过重点开采。石品主要有金星、金晕、水波罗纹、罗纹等。

金星坑：又称罗纹金星坑，在眉子坑东侧。宋时开发，后停采，20世纪60年代初重新发掘。石品主要有金星、金晕、玉带、彩带、罗纹等。石质上乘。

以上四坑在砚山村的龙尾山，现代人称之为"旧坑"或"四大名坑"。

水蕨坑：与水舷坑隔芙蓉溪相望，相距20米左右。宋景祐年间开发，后停采，1987年重新开挖。石品主要有粗罗纹、细罗纹、眉纹、金星、金晕等。眉纹多数相互间交织成片，如江海之波涛，砚石常夹有石英层，杂质、夹层少者为佳。

叶九坑：在溪头乡岭背村对面山上，宋时开发，其后停采，1988年重新发掘。石品均为眉纹，眉纹大都不清晰，类似水蕨坑眉纹，眉纹自身的硬度较无眉纹处硬，石质亚于眉子坑的砚石。

溪头坑：位于溪头乡岭背村，宋时开发，宋以后停采，近代重新开采后，也只是零星出产砚石。此坑的石品为鱼子、金星、金晕等。其石质结构较松，星和晕的颜色发黄、发暗，不如金星坑、水舷坑和水蕨坑所产。

外庄坑：位于溪头乡外庄村的后山上，所出砚石石品主要是眉纹，少数有金星、金晕相间。外庄坑常出产一些体型较大的砚石，但眉纹散乱，与水蕨坑眉纹相似。其中，有一些有少量优质眉纹被称为"外庄雁湖眉"。

桥头坑：位于武溪旁，是2002年当地人加宽马路时发现的坑口，当时可以看见有古人采石的痕迹，但未见有文字记载。因坑口旁边有座桥，所以大家叫它桥头坑。该坑最具代表性的石品是罗纹，还有少量的金星、金晕、眉纹等石品。此坑出产的优质砚石，非常细润，常有人误作旧坑罗纹。现在，一条高速公路刚好从坑口的上方经过，位于高速路基下的桥头坑一般不会再开采了。

另外，还有三个坑口争议较大，我们暂且不去考证它们是否为史料记载中的古坑口，而是将现行的说法列举如下，仅供参考。

罗纹里山坑：也称"罗纹旧坑"，此坑应在砚山村口古樟树后的那一片山上，山上所出砚石被砚山村众人俗称"樟树背"石、"山顶罗纹石"。这类砚石主要石品有罗纹、金星、金晕以及一种被称为"天璜"的珍贵石品。"樟树背"石色微淡，云母含量高，折光好。或许罗纹里山坑因优良石材开采殆尽而早已遭废弃。

紧足坑：据史料记载，此坑乃元代开发，至元五年（公元1339年）坍塌，这在元·江光启《送侄济舟售砚序》中有详细的描述。一些著作中将紧足坑定义为"罗纹坑下80米左右"。现在称之为"紧足坑"的砚石，据实地考察和砚山村采石人吴飞红（新安歙砚艺术博物馆顾问）介绍，这些石头产自龙尾山旧坑之上的山顶处，刨去土层，剥去山顶麻石层即为矿脉所在。主要石品有金星、金晕、眉纹以及一种被称为"龙眼"的珍贵石品。这与文献记载中的紧足坑有很大的区别，这些石头可能只是借用了古代"紧足坑"的名字而已。

庄基坑：史料记载中的庄基坑应为元代时开发，现在很难确切地考察出其准确的位置。但在砚山村"溪头中学"后的那一片山一直名为"庄基山"，现依稀可辨此山有曾经采石而形成的凹陷。20世纪70年代，"砚石矿"曾对庄基山上一旧时废弃坑口进行过开采。2000年左右至今，在这片山上开采出一批当地人称为"学校背"的砚石，石品主要有金星、金晕、罗纹等。这批石头能否冠以"庄基坑"石之名，留待以后的实践证实，或许称为"学校背"石更恰当些。

由于龙尾石的开采历史上有着多次中断：唐宋之后，元代只是零星开采，明代未见任何有砚石开采的文字记载，清代有记载的开采时间为乾隆四十二年（公元1777年），从乾隆年间到20世纪60年代初亦中断了近200年。这使得有关龙尾石坑口的资料缺失或未得到及时更新，加上地貌的改变、地名的变迁、道路的更迭，以及文献资料记载的形象化、艺术化、高度概括化的语言等等，让许多坑口的确切位置成为历史谜团。

除了以上几个坑口，还有几种砚石也应当引起我们关注，它们或者是新开采的坑口（如桥头坑），或因集中出现在某一地方而得名（如柴林石、子石）。

芙蓉溪子石：芙蓉溪是龙尾山脚下的一条贯穿砚山村的小溪，史料中就有溪中寻石的记载。子石，也有人称仔石，也就是卵石。这些子石是古时山石自然崩塌或古人采石时砚石滚落溪中，历经水流的千年冲刷，在河床中翻滚、碰撞、摩擦等，以及溪水浸泡，去粗存精留下来的砚石精华（当然，有关芙蓉溪子石的形成还有其他各种各样的说法）。一般子石外表有一层特有的珍珠光泽，磨开石皮，可见砚石呈半透明状，石声一般为木声（图5-27）。从某种意义上说，好的子石具备了优质砚石的所有特征，因其来之不易而更显珍贵。芙蓉溪也因不间断出产子石，提供历史上各个时期砚石的"样品"，而被称为"旧坑大全"。近年来，越来越多的人对子石进行了深入的研究和创作。另外，武溪也有子石。

图5-27　芙蓉溪子石

柴林石："柴"就是供烧火用的草木，"柴林"就是可供砍柴的小树林。在这些小树林中或其浅土层下，会有少量可作砚材的石料，因此称其为柴林石。从这些石料所在的位置看，这里可能是前人采石时的废料堆放场，也可能是当时采石后初筛选料的场所，还可能是石材的临时存放点。所以，柴林石主要分布在一些坑口（如金星坑、眉子坑）的周围，包含了多个坑口的石头。柴林石主要以一种黑色的砚石为主，黑石上时有银星、金晕、带状纹或当地人称之为"梅花点"的石品出现。

②大畈（济溪）的砚坑。

济源坑：位于济溪村的后山上，宋时开发，后停采，1983年恢复开采。其石品主要是鱼子纹，包括鳅背纹、鳝鱼黄（图5-28）、茶末绿这三种鱼子纹；有些鱼子纹中有金星、金晕相间，称鱼子金星、鱼子金晕。济源坑的宋代古坑在开采了十多年后逐渐停产，于是另选坑采石。1997年左右，济溪村开发出了"水坑"鱼子金晕石，1998年左右开发出"山坑"鱼子金晕石，均以鱼子金晕石品为主。

图5-28　济源坑鳝鱼黄鱼子

碧里坑：在济溪村河对面，宋时开

发。1988年由于当地村民无意中发现故坑址遗留的残石，随之开始寻坑采石。其石品有金星、金晕、罗纹，纹色美妙，俗称"对河坑"。除少数石质坚紧者属上等砚材外，多数砚石质地偏粗，结构偏松，不如金星坑、罗纹坑所产石材。此外，大畈村附近曾开采出一种绿色砚石，俗称"大畈绿石"（图5-29）。

（2）歙县砚坑

歙县是古徽州除江西婺源县外，砚石坑口分布最多的地方。大致分为东端的溪头坑，北端的岩源坑，南端的紫云坑、庙前坑、苏川坑、渔岸坑等。东端、北端砚坑石属含粉砂板岩和粉砂质板岩，南端砚坑石属含粉砂板岩。

溪头坑：位于歙县溪头镇大谷运村双河口一带，共有十余处砚坑，分布在双河口、山门石河边、岱岭、泥塘坞、东寺水库坝下、竹岭河谷等地，砚石俗称为"龙潭石"或"龙头石"，主要石品有金星、金晕、银星、水浪纹、罗纹、刷丝纹等。

岩源坑：位于歙县上丰乡岩源村，共有3处采石点，分别是王进坑、屋基、道溪，砚石俗称为"上丰石"。主要石品有彩带、罗纹、歙青（图5-30）、歙红（图5-31）等。歙红颜色紫红，歙青呈灰绿色。两种砚石俱质地细腻、发墨益毫，是理想的砚材。

紫云坑：在歙县岔口镇周家村，主要出产紫云石。与绝大多数歙石为青黛色不同，此处的砚石呈紫红色或猪肝色，有的带有青绿色斑纹，石质较粗，但发墨快。石品主要有紫云、玉斑。

庙前坑：位于歙县岔口镇周家村与庙前村之间的公路旁，石色为青灰色。主要石品有水浪纹、罗纹等，石质细腻、发墨快，是优良砚材。现在，这个坑口已被乱石填没，坑口上方已建有房屋。

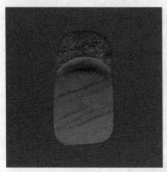

▲ 图5-29 歙砚大畈绿石 张永鸿歙砚作品 龙凤砚

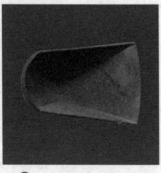

▲ 图5-30 唐代箕形歙青砚

▲ 图5-31 汪勇制作的歙红"观沧海"砚台

洽河坑：位于歙县武阳乡车川西南山谷中，交通不便。石色呈灰黑色及暗绿色。主要石品有罗纹、刷丝纹、牛毛纹等。

苏川坑：位于小洲乡东南苏川村鸡公凸岭下。有3处采石点，石色灰黑。

渔岸坑：位于歙县森村乡渔岸村石桥边。所产砚石石色灰黑，石质一般。

（3）休宁县砚坑

主要集中在县城西南部皖赣交界处的障公山区。

大连砚坑：位于休宁县汪村镇汪村至冯村一带，有砚坑约10处，均为露天开采，石品有刷丝、金星、银星等，统称为"休宁砚石"，也称"流口石"，部分砚石石质细润。

岭南砚坑：位于休宁县岭南乡前坦、三溪、苦李山一带，其中，前坦砚石坑所产砚石质地细腻、板理平整、鱼子纹明显，与婺源县所产鱼子纹砚石极其相似。

冯村砚坑：位于大连坑西10千米左右，所产砚石质地较粗。

（4）祁门县砚坑

主要有4处，分别在上洲和胥岭。据记载："祁门县出细罗纹石，琢砚酷似龙尾石，不易鉴别，可以乱真。"石品有水波罗纹、罗纹、刷丝等，石质较好。

（5）黟县砚坑

位于方家岭，其砚石石质较粗、性脆，取料困难且不易雕刻，少量石中可见到金星。

2. 歙砚的石质特征

歙砚坑口较多，分布地域也较广，但砚石类型并不复杂。歙砚的岩性为泥质、粉砂质板岩-千枚岩，其中以板岩发育最广，呈灰绿色，具板状劈理，表面略具绢丝光泽，常见变余泥质、砂泥质、含凝灰质结构和鳞片变晶结构，变余层状构造。千枚岩分布也很广，常与板岩共生，变质程度高于板岩，矿物结晶较粗（在0.1毫米以下），砚石呈绿色、黄绿色、灰绿色等，具显微鳞片变晶结构、变余泥质结构和变余粉砂状结构及千枚状构造。

——地学知识窗——

鳞片变晶结构

是变晶结构的一种，它是变晶为鳞片状矿物。它们一般呈平行排列，形成结晶片理。常见千枚岩和云母片岩等具有此种结构。

砚石中主要矿物为绢云母（约为75%），次要矿物有石英（约为15%）、绿泥石（约为5%）及一些金属矿物（约为5%）。扫描电镜的测试结果显示，从横切面观察，绢云母集合体呈叠瓦状定向、紧密排列，单晶颗粒好，呈叶片状、假六边形（图5-32a），粒度为5.13～27.71微米；从纵切面观察，绢云母呈书本状、定向排列（图5-32b），其单晶厚度约为0.56微米。

肉眼观察，砚石呈青黑色，不透明，绢丝光泽，参差状断口，净水称重法测定其密度为2.74。由于矿物具有一定的定向性，因此，试验选取不同方向采用显微硬度计测试其硬度。试验结果显示，砚池的硬度比砚侧的硬度低，有利于发墨。

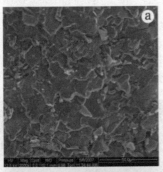

图5-32 样品中的绢云母
（据张莹等）

歙砚品种繁多、千差万别，根据人们千百年来的实践经验，总的来说，以

"龙尾石"为上。在"龙尾石"当中，以"眉子坑""罗纹坑""金星坑"和"水舷坑"的砚石最佳，这四个坑被人们俗称为"四大名坑"。

歙砚按地名来分有龙尾歙砚石、大畈歙砚石、龙潭歙砚石、岔口歙砚石、庙前青歙砚石、黟县青歙砚石、休宁流口歙砚石和祁门歙砚石等等。

历史上，歙砚还有水坑、干坑之分，有湿润、干燥之别，湿润者出自水坑，干燥者即非水坑所出。

三、歙砚的石品花纹

歙砚的基本砚石类型是青黑色板岩和千枚岩，即青黑色为歙砚的主要类型，另外，还有灰、黑、灰褐、紫红、淡绿、绿灰、灰黄、淡黄等各种颜色。

砚石是在复杂的地质环境条件下形成的，若将其详细划分，必然能细分出多种形式的结构和构造，它是形成歙砚石绚丽多姿的天然纹饰的决定性因素。另外，还有石质的粗细之分，纹理有疏密之别。这样细分下去，必然是石品名称繁多。历史上记载的歙砚石品有数百种之多。按照天然纹饰来分，可分为眉纹、罗纹、金星、银星、金晕、银晕、金花、鱼子、玉带、紫云、青绿晕石等等。每种按其形态又可分数种至数十种。

1. 金星、银星、金晕、银晕类

金星：是黄铁矿呈星点状分布在砚石表面，因色泽金黄而得名。色金黄，成点状，分布在青黑色的砚石中，如天空闪烁的星斗显得十分耀眼（图5-33）。有大有小，有聚有散，金星按其形状可分为雨点金星（金星的形态偏细偏长，有动感如飘洒而下的雨点）、金线金星（金色如线的条纹，有粗有细，有曲有直，有长有短）、云雾金星（金星细小分散呈现云雾状）、鱼子金星（鱼子纹中有金星）、葵花金星（金星相聚为一圈，内无星点，外如葵花瓣形，十分少见）、雨丝金星（如急雨而下，多为斜势，成片分布，长短不一）、凤眼金星（金星圆形为圈，圈内有点如眼，故曰凤眼金星）、金花（不规则金黄色点，似花非花，没有固定的形式，多以金星金晕同存一石，对此又称为金星金花、金花金晕等）、金圈（形如环状，大小不等，常与金星相间）（图5-34）、粟米金星（星点细小，如粟米状）、谷粒金星（星点如谷粒的形状）、水浪金星（水浪纹中有金星）、眉纹金星（眉纹中有金星）、绿豆金星（星点形状如绿豆，且有鼓起的立体感，星点疏朗分明）、大金星、小金星、满天星、玉带金星、银星金星、刷丝金星等等。

▲ 图5-33 金星

▲ 图5-34 金圈

银星：银星是一种白铁矿物质，形状与金星相似，颜色为银白色，硬度比金星略高（图5-35）。可按金星的描述方法将其详细划分。

▲ 图5-35 银星

金晕：金晕与金星都属于一种硫化铁之类的物质在砚石中自然渗透所形成的形象。所谓"晕"，本指日光或月光通过云层时，因折射作用而在太阳或月亮周围所形成的光圈。金晕对发墨有好处，且磨出的墨汁用来书画，虫不易蛀，其奥妙就在于石质内含硫化物。金晕从形状上看，可谓是千姿百态（图5-36），古人为砚石中各种各样的金晕取了许多有趣的名称，如"长寿仙人""鹤舞""双鸳鸯""斗祥""卧虫""金云气""湖中寒砚"等。这些名称来自金晕的具体形象，它们都属于砚石的天然纹饰，而天然纹饰不会有相同者，所以，金晕以形象来取名，可不是十几种、几十种之分了。若进行形象分类，事情就显得比较简单了。一般将金晕归纳为两类：山水金晕（晕的形式如云气、山川、河流等）和物状金晕（晕的形态如人物、动物、植物和其他物象的）。

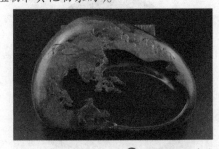

▲ 图5-36 金晕

银晕：与金晕相似，颜色略淡，较为稀少（图5-37）。

▲ 图5-37 银晕

2. 罗纹类

纹理如丝绸般的旖旎，给人一种莹洁、素雅之美（图5-38）。罗纹的特点是，看上去砚面纹理粗糙不平，实际摸上去细滑如肤，粗糙不平是颜色变化或明暗变化给人造成的错觉。

▲ 图5-38 罗纹

罗纹经过细分有多种表现形式：粗罗纹（纹理交织明显，石质结构多数粗松，不宜精雕细琢）；细罗纹（纹理细密，石质纯净，便于雕刻，极为发墨）；暗细罗纹（纹理均匀，隐而不露，发墨极佳，易于雕刻）；水波罗纹（纹理交织，均匀排列，宛如湖面上因微风吹拂而起的水波，富有动感，天然成趣。水波罗纹也称水浪罗纹）；波浪罗纹（纹理起伏跌宕，似江海中翻滚的波涛，妙在视之凹凸不平，抚之却平滑如玉）；刷丝罗纹（纹理细密整齐，如刷子刷过后留下的丝痕，有疏有密，有长有短，长的称长刷丝，短的称短刷丝，便于雕刻）（图5-39）；牛毛罗纹（比刷丝罗纹短而疏密不均，酷似水牛身上的毛，类似短刷丝纹）；古犀罗纹（也称犀角罗纹，纹理细密均匀，如犀牛角中的纹理，既发墨，也便于雕刻）；泥浆罗纹（纹理柔软，似泥浆状，石质温润）；金星罗纹（在同一石中有金星和罗纹两个品种，对此类石品统称为金星罗纹，具体按纹理又可细分为金星水波罗纹、金星刷丝罗纹等等）；金花罗纹（罗纹为底，上有如花朵形态的金黄色点，大小、疏密不等，其形式如洒金于宣纸上金点的分布）；金晕罗纹（罗纹中有金黄色晕相染，晕的形态不一，或似云雾，或如山水，或像物状，千姿百态。金晕罗纹与金星罗纹一样，是两种石纹的结合）；算子罗纹（也称算条罗纹，其纹如条状，疏朗均匀，犹如一根根的算子。细分还有粗算子、细算子）；乌钉罗纹（石中呈现出细小的黑点，分布均匀，隐而不露，石质细润，发墨尤佳）；鳅背罗纹（纹色如泥鳅背上的花纹，纹理均匀，成点状，今人多称其为鱼子纹）；松皮罗纹（又称松纹罗纹，其纹理较粗，如松树皮的纹理一般）。除以上所述之外，还有不少如石心罗纹、倒地罗纹、卵石罗纹等等。

△ 图5-39 刷丝纹

3. 眉纹

也称眉子。呈黑色，为条状，如人的眉毛。眉纹石的底色轻莹，石质尖细温润，既发墨又雅静，深受历代文人雅客推崇（图5-40，图5-41）。

△ 图5-40 眉纹1

△ 图5-41 眉纹2

眉纹种类很多，主要有：阔眉纹（又称粗眉纹，纹理宽阔，有长有短，有的如卧蚕）；细眉纹（眉纹纤细，长短不一，有的如柳叶，与美人的柳叶眉一样妩媚）；长眉纹（眉纹修长，潇洒悦目，有的横贯于砚石两端，疏密有致，自然形成一个优雅的画面，无不令人称美）；短眉纹（眉纹短小，显得灵活而富有动感，有的短眉纹交织排列，从整体上看有如波浪纹令人遐想）；对眉纹（眉纹工整平行成对，酷似人的双眉，见者无不惊叹）；鳝肚眉纹（疏而均，紫黑色，砚石色偏黄，黄中有黑点相间，如鳝鱼腹部之肤色）；雁湖眉纹（石心无纹，晕如汪池，四周眉纹交织成对，密如群雁飞集之状，实属希罕之品）；海浪眉纹（眉纹交织成片如波浪翻滚的海面，波光粼粼，画面动感很强）；金星眉纹（眉纹与金星相间者，这一品种就如金星罗纹一样，还可细分为金星长眉纹、金星短眉纹）；金晕眉纹（眉纹中有金晕者，也可细分金晕长眉、金晕短眉等）；簇眉纹（眉纹积聚成簇，一簇之中由数条大小不等的眉纹组成，一簇与一簇之间有一定的距离）；虎斑眉纹（由多条不等的如虎身上条状的波浪纹）；白眉子（眉纹的色彩为白色）；金眉子（颜色为金黄色）；枣心眉纹（眉纹短小，两头尖，如枣核状）。除以上所述之外，还有如重眉纹、豆斑眉纹等。

4. 鱼子

砚石中有细小的黑点，分布均匀密集，其形式如鱼卵状，卵也称子（图5-42），由于石色的不同，具体分作以下几个品目：鳅背纹（青灰色的砚石与黑点所形成的纹理，如泥鳅背上的斑纹）；茶叶末（其纹色如茶叶末，也称茶末绿）；鳝鱼黄（也称鳝肚鱼子，偏黄色的砚石中有细小的黑点，其纹色如鳝鱼腹部的肤色）；鱼子金晕（即鱼子纹中有金晕者。鱼子金晕晕的颜色偏黄，多数是土黄色，无亮泽，晕多数在砚石的表面，往下琢就没有了，因此刻砚者在雕刻时很注重对表面金晕的保护）（图5-43）。

▲ 图5-42 黑鱼子（需仔细看）

▲ 图5-43 鱼子金晕

另外，歙砚石中还有碎冰纹，即石中有不规则的细白线相互交织，如冰块受击后出现的碎纹，但不多见。

5.其他类别

其他类别还有紫云、歙红、歙青、歙黄、江山、上丰、大谷运、豹皮、九江、攀枝花、玉山等等。

四、歙砚的雕刻艺术

歙砚的雕工不同于端砚，以浮雕浅刻为主，以深刀琢成殿阁、人物，层次分明，细腻鲜明，墨池与砚堂自然、有机呼应。平线方正是歙砚的传统典型式样，古代用歙砚制作的官砚大多为长方形，而且线条简明。宋以后，歙砚的砚式越来越多，如抄手砚、瓦式砚、椭圆砚等等，但方正大砚久经不衰。明清时，端砚、歙砚中的随形砚应运而生，不过随形砚的个体比端砚要小得多，原因是歙石坑中出的小卵石价颇高。另一方面，歙砚在刀法运用上不能像端砚那样精雕细刻，因为稍不留意，就会出现崩边的现象，这是由歙砚的石质决定的。

五、歙砚的收藏价值

歙石石质优良，色泽曼妙，莹润细密，有"坚、润、柔、健、细、腻、洁、美"八德。嫩而坚，砚材纹理细密，兼具坚、润之质，有涩不留笔、滑不拒墨的特点，扣之有声，抚之若肤，磨之如锋，宜于发墨。长久使用，砚上残墨陈垢，入水一濯即莹洁，焕然如新，被誉为"石冠群山""砚国名珠"。历代文人和书画家如柳公权、欧阳修、苏东坡、米芾、蔡襄、黄庭坚、唐寅等无不视歙砚为至宝。赞美歙砚的诗人甚多。大书法家米芾在《砚史》中就盛赞歙砚"金星宋砚，其质坚丽，呵气生云，贮水不涸，墨水于纸，鲜艳夺目，数十年后，光泽如初"。宋代文学家欧阳修也在《砚谱》中赞誉歙砚"龙尾远出端溪上"，认为歙砚胜过端砚。宋代书法家蔡襄偶得一方歙砚后，曾盛赞道："玉质纯苍理致精，锋芒都尽墨无声，相如闻道还持去，肯要秦人十五城。"南唐后主李煜称"澄心堂纸、李廷珪墨、龙尾砚三者为天下之冠"。苏东坡求得龙尾砚特作《龙尾砚歌》，并写了《眉子砚歌》等诗文。他的《孔毅甫龙尾石砚铭》对龙尾砚见解精辟："涩不留笔，滑不拒墨，瓜肤而縠理，金声而玉德。"他的弟弟苏辙赞龙尾石"声如铜，色如铁。性坚滑，善凝墨"。

从历代名人的记述中不难看出，歙砚自古珍贵，古砚价格不菲。

当代歙砚，其制作技艺必然高于古代，其收藏价值自不可言。另外，资源的不可再生和枯竭，营造出歙砚潜在的升值空间。歙砚石从唐开元年间以来，历经1 200年的开采，十分有限的资源近乎耗尽。将来，如果歙砚石材一旦如端石那样封存保护名坑，歙砚价格必然会出现数倍的飙升。

歙砚这样有着深厚中国文化积淀的艺术品，不仅在内地受到藏家关注，在境外也有很高的认知度。歙县当地一位藏家，以9 000元卖出一方以为很有赚头的歙砚，结果被人以18万元转手卖给一位外籍华人，获利之高令人瞠目结舌，使这位藏家后悔不已。

洮砚

一、洮砚的历史文化

洮砚历史悠久，在宋初就闻名于世，历代作为贡品而显赫于当时宫庭或权贵之书房中。宋神宗熙宁四年（公元1071年）王昭于征战中在洮河边，被宋神宗任以秦风路经略使司，收复河陇。王昭于应朝中恩旨，选用当地特产洮砚作为皇宫贡品，并赠予各大文豪，立即被苏轼、黄庭坚、陆游、张耒一般文士所赏识，备受宠爱。洮砚身价一哄而起，珍贵无比。

苏轼作词《鲁直所惠洮河石砚铭》："洗之砺，发金铁。琢而泓，坚密泽。岁丙寅，斗南北。归予者，黄鲁直。"黄庭坚《豫章黄先生文集》有诗云："久闻岷石（或作岷右）鸭头绿，可磨桂溪龙文刀。莫嫌文吏不知武，要试饱霜秋兔毫。"陆游《剑南诗稿》中有诗句云："玉屑名笺来濯锦，风漪奇石出临洮。"张耒《以黄鲁直惠洮河绿石，作米壶砚诗》："洮河之石利剑矛，磨刀日解十二牛。千年虎地困沙砾，一日见宝来中州。黄子文章妙天下，独驾八马森幢旄。平生笔墨万金值，奇谋利翰盈篋收。谁持此砚参几案，风澜近乎寒生秋。抱持投我弃不惜，副以请诗帛加璧。明窗试墨吐秀润，端溪歙州无此色！"

金大定十四年起（南宋淳熙二十二年、西夏乾硝五年、公元1175年），洮州地盘分别为金、西夏及洮州番部十八族所有。部落间轮番作战，早复晚失。老噢什地区（今临洮县）名义上同时受赵土司（当时已降金）、金熙河路、西夏国河湟诸路管辖，但因地处偏隅，谁也不管。洮砚矿区的真正主宰、所有者，仍是当地部落的小首领。此阶段战事纷沓，交易经营渠道又梗塞不通，洮砚石料矿的开采、制砚业几乎陷于中断、停顿的状态，砚石稀缺，金朝诗人元好问诗曰："县官岁费六百万，才得此砚来临洮。"

明洪武二十一年（公元1378年），洮州资堡部落首领昝南秀节投诚内附，总兵李文忠申报朝廷，赐昝南秀节洮州千户，所世袭百户。于原番部十八族中实授百户辖民统之，洮砚石料矿也即为其开采、制造贡品而效力了。明正德初年，土司旺秀调京晋见，被赐姓杨名洪，自此称卓尼土司为杨土司，亦称卓尼所有辖区的所有百姓为杨家百姓，洮砚石料自此即为"杨家洮砚"了。

历代杨土司深知洮砚的珍贵，对矿区开始严加管理，规定：凡采石者必须以土司衙门的尕书（相当于今之介绍信）为执照，知会驻纳儿村的老噢什旗总管，再由总管通知达窝村的采石工去采石，决不允许其他人无照采石。这可能是中国历史

上第一次对矿产资源实施持证开采。达窝村民除担负采石任务外，同时负有监视、保护石窟的职责，经常派出专人守护，"但闻窃石之声，即纠合村民，前往制止，丝毫不予通融"。

为了加强对矿区的管理和保护，防止当地村民和外来人等的非法采石，土司和当地的头目除采取严厉的行政手段外，还通过寺院等宗教机构对开采予以约束。他们在洞窟门边的石岩上，凿一块极大的喇嘛爷神碑，采石者必须在采石前向"喇嘛爷"献上一只绵羊，并在碑前祈祷祭祀后，才能进洞采石。否则，据说不仅采不出好石，而且还要遭到不幸，当地还要遭受冰雹之灾。所以，谁也不敢贸然去作试验，村民们深信不疑，不仅自身不敢丝毫触犯，并且严格制止外人不得擅自行事，有违神明。上述措施，使洮砚石料的乱采滥掘现象得到了有效控制。

石料得到规范管理的同时，洮砚的制作、贸易也迎来空前盛况，洮州、卓尼、岷州（今岷县）、狄道（今临洮）、巩昌（今陇西）、河州（今临夏）、兰州分布着繁多的雕刻工人和贸易往来。

民国后期，朝政腐败，横征暴敛，更加战事不断，烽烟四起。土司为了八面应付，谁也不敢得罪，只有加重对其属民

的盘剥和榨取。作为贡物的洮砚，年贡数猛增。石料需求、开采量也相应增大，对矿区的管理逐渐趋于混乱，采掘全以眼前利益为准，杀鸡取卵，资源浪费严重。很多中、下品石料得不到综合利用，全被弃掷、风化。数眼优质矿石洞窟被毁坏、坍塌而不能采石。洞窟、岩坑无长远规划，仅容单人爬出爬进，更谈不上什么安全保护设施了。整个矿带，在十数年间被凿剥得坑坑洼洼、疮痍满目。

新中国成立后，这里成立了农业合作社，洮砚矿区随着生产资料所有制的变化而归集体所有。石料亦由集体采取，作为集体的一项副业收入而出售经营，矿区管理又逐渐趋于稳定。1958年初，"引洮上山"工程动工，整天炮火连天，土石飞扬。沿工程渠线的山坡村寨多被土石掩埋，无人再顾及洮砚石料的存亡了。喇嘛崖也被当时"让高山低头、河水让路"的气势所折服，就连历来让人顶礼膜拜的"喇嘛爷"神碑也被炸得不知去向。原有的采石洞窟被碎石流沙淹埋。在近乎两年半的日月里，人们一方面被当时的狂热气氛所陶醉，忘记了洮砚；另一方面被引洮工程的炮火所阻隔，断了流通渠道。致使洮砚石料的开掘和雕琢几乎中断。

1960年初，引洮工程在严酷的自然灾害面前被迫半途下马。当人们从狂热中醒来后，面临的是生存的威胁和挑战。生存的欲望驱使砚乡的人们，在令人头晕目眩的喇嘛崖畔，重新踩出了一条比以往更危险、更崎岖的小路。在半崖的流沙、滚石中，又凿出了几个仅容人身躯爬行的缝，在这些毫不惹人注目的洞穴中，重新采出了洮砚石料。

洮砚石料采集的艰难，迫使洮砚事业的发展在往后的几十年中风雨飘摇。期间涌现出一批又一批热爱洮砚的雕刻师，为洮砚的传承与发展做出卓越贡献。但由于喇嘛崖、水泉湾一带石材已无法人力获取，致使很多喇嘛崖、水泉湾一带之外的劣质石材涌出市场，对洮砚的发展造成巨大的冲击。

2010年，国家正式收回了洮砚劣质石材的矿产地及唯一一处洮砚顶级石材的矿产地——卓尼县喇嘛崖、水泉湾一带的采矿权，通过公开招拍的方式出让了名坑的采矿权，开始以科学的方式开采卓尼县喇嘛崖一带顶级石材，停止了劣质石材的开采，使劣质石材的流通得到了有效遏制。1997年，香港回归之际，《九九归一》砚由甘肃省政府赠予香港特区政府。

二、砚石的产地及石质特征

洮砚产地在历代曾隶属于陇西、巩

昌、狄道、临洮、岷州、会川、洮州等处分别管辖，又因行政建置废设无常，以致洮砚石料产地众说纷纭。历代关于洮砚产地的不同说法，归纳起来，大致有以下几种：①产于陇西之说；②产于陕西之说；③产于狄道（今临洮）之说；④产于河州（今临夏）之说；⑤产于洮州（今临潭）之说；⑥产于岷州（今岷县）之说。

经考证，洮砚石材实际产于今甘肃省甘南藏族自治州卓尼县境内，洮砚乡的喇嘛崖、水泉湾一带。历来因区域管辖的划分，导致说法甚多。但实际产地仅此一处，从未变更。

洮河砚石产地位于中秦岭中西部上泥盆统大草滩组，分布在洮河东岸，西以洮河为界，东西长约100米，南北宽约140米，出露面积约14 000平方米。砚石岩性为灰绿色粉砂质板岩、紫红色粉砂质板岩。主要矿物成分为绢、水云母，次要矿物为绿泥石，其他成分有铁质（磁铁矿）、粉砂（石英和长石）、钙质（方解石）。绢云母呈片状，大小在0.01～0.05毫米之间，在岩石中呈定向排列；绿泥石呈橄榄绿色，与绢云母、水云母共生，磁铁矿微量；方解石是后期次生作用形成的，雕刻时常被利用为"银线"或"筋"；褐铁矿沿裂隙面分布，雕刻中被

选择利用，称之为"膘"（图5-44）；黄铁矿为粒状，在岩石中呈星点状分布，雕刻时也常利用为"星"；石英粉砂的含量及粒度是衡量砚石质量的重要指标之一，对石英粉砂的要求要细、要少，粒度在0.03毫米以下、含量少于10%者为上等石材。矿石经低绿片岩相区域变质作用形成。

● 图5-44 洮砚 巧用石膘

三、洮砚的石品花纹

1. 砚石的基本颜色

从地质角度描述，石材可分为绿灰色、灰绿色、紫红色、灰紫色四种基本色调，砚家将其分为墨绿、碧绿、辉绿、翠绿、淡绿、暗红、淡紫、黄色等品种。

（1）墨绿

亦分深、浅两种。深色近于黑色，古称"玄璞"（图5-45）。这种石料中因含有不少段瑕、硬筋等杂质，所以影响发墨和雕琢，石质仅为洮石中的中、下品，但因其色泽晶莹如玉，深受收藏家们的宠爱。

△ 图5-45 墨绿洮砚

（2）碧绿

绿色中稍显一点湖蓝成分，俗称
"鸭头绿"（图5-46）。色如鸭头绿
羽，艳丽优雅、雍容大度。石质极细嫩，
苍翠欲滴，呵之石面即出水珠，发墨效果
最佳，贮墨时间最长。石色极似碧水一
潭，石表普遍带有油脂、鱼鳞、松皮状的
石膘，石理间多呈组合式粗线水波涟漪
纹。纹理清晰，对比明显，石性秀嫩柔
韧，极易随意雕琢。这种石料产于喇嘛崖
的宋代老坑内，也称为"窝子石"，是洮
石中的"珍品"。

△ 图5-46 鸭头绿

（3）辉绿

俗称"鹦哥绿"（图5-47），比碧
绿色相纯度较高，色稍深而隐透亮。色彩
平静素雅，石质表面带有"鱼鳞、油脂、
鱼卵、松皮"等状的黄膘，间或带有土
黄色墨溅霞。石理间带有雾气、团濡状的
云气纹，纹色若隐若现，图案奇幻无比。
石性平和，发墨细快不损笔毫，贮墨经久
不干，石质纯净，纹理清晰，分布均匀。
该石料产于明清新窟水泉湾窟内，俗称
"新窝子"石，是洮石中的上等石材。

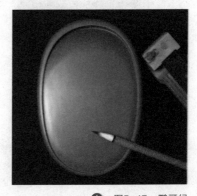

△ 图5-47 鹦哥绿

（4）翠绿

色如碧叶，又似湖水，绿色中稍泛淡
天蓝色，色彩柔和平稳，纯度稍淡于碧绿石
料。石理较纯净，石表多带白色、土黄色
石膘和墨溅霞。石间多呈细线型水波纹，
也有带淡色朦胧状雾气纹的。石料间通常
夹杂有较多的白玉瑕和土黄色段瑕。这种
石料居洮石的中等品质，属普遍性档次。

（5）淡绿

色似柳叶，绿中泛白，俗称"柳叶青"，色彩淡雅素静，娇而不艳。石质细嫩纯净，石理间极少杂质，亦无各种纹理，通体一色。以白色石膘和奶油色脂玉膘为明显特征（图5-48）。淡绿石料产于水泉湾底部的泉水洞窟之中，含量稀少，是洮砚石料中的珍奇品种，石质介于碧绿、辉绿石料之间，而胜于其他石料。

▲ 图5-48　淡绿洮砚

（6）暗红

色如羊肝而稍显血红，俗称"鸊鹈血"（图5-49）。鸊鹈是一种水鸟，形状极像鸭，也称水鸭子，它的脖颈处有一圈暗红微紫的斑纹，据说就是它的血色；洮河紫红石色与此极似，就以它而命名。这种石料的颜色与端砚的石色非常接近，但比端溪石稍显艳丽，红色的成分稍大一些，含紫的成分稍少。石料表面带有金黄色、白色、奶油色松皮、油脂等膘；偶尔还带有绿色石膘。石理间均带有暗淡隐约之云气团濡石纹，形态奇幻，千姿百态。

暗红色贮量极少，产于喇嘛崖洞窟的宋代老坑内，是洮砚石中的上品材质，可与辉绿石媲美。

▲ 图5-49　洮砚鸊鹈血

（7）淡紫

石色淡紫，通体为均匀的水波纹，石料肌理较细密，仅次于暗红色石料。石表多带白色油脂膘，杂质含量很少，硬度适中，便于雕琢，质底可居洮石之中等石材（图5-50）。

▲ 图5-50　淡紫色洮砚

（8）黄色

石色呈金黄色，石质硬度极高。纹理奇异，有条形水波纹、云雾纹等。石表通常带有鱼卵状、脂玉状、墨溅霞等石膘。这种石材产量极少，它的形成过程独特，属洮石中的珍品（图5-51）。

▲ 图5-51　黄色洮砚

上述8种洮砚石料属基本品相，不可能涵盖全部，并且其中过渡品种繁多，真可谓繁星璀璨，其中也不乏一石多色现象。若一石多色，颜色花纹协调，再附有石膘，将更加珍贵，在艺术家手里，更有可能产生经典之作（图5-52）。

▲ 图5-52　洮砚　巧用石色

2. 砚石的花纹

洮砚之所以闻名遐迩，与其石料中类似珍禽异兽、奇葩异草、云雾升腾、烟雾袅袅、美妙奇幻的石纹有着密切关系。从古到今，许多名人雅士对洮砚的赞赏除绿质黄章外，最为欣赏的就是洮砚的石纹。宋代黄庭坚诗曰："洮州绿石含风漪，能淬笔锋利如锥。"现代书法大师赵朴初先生也赞道："风漪分得洮州绿，坚似青铜润如玉。"洮砚自宋代驰名以来，就被冠以"绿漪石"的美名。这里的"风漪""绿漪"即指洮砚的石纹，"漪"即水波浪纹，再加上"风"，随之就显现出那涟漪千层、碧痕历历的天然景致。"绿漪石"的称谓，是对洮砚石料纹理比较确切的概括。洮砚的石纹大部分呈现水波纹状，它的纹理有千变万化、奇幻无穷的自然形态，大致可分为以下几种纹理类型：水波纹、云雾纹、气纹、点状纹等。

水波纹是洮砚石料中的代表型石纹。水波纹型石料石质细嫩滑润，条纹的颜色多呈墨绿、深绿色，它与碧绿、辉绿、翠绿的石体肌理形成了一种同类色系间别致而又和谐统一的对比（图5-53，图5-54）。

▲ 图5-53　洮砚水波纹1

▲ 图5-54　洮砚水波纹2

云雾纹在石料中多呈不规则形的块状、带状和团絮状。它们犹如薄云飘浮天际、乌云随风翻滚，也有的像羽毛、轻纱飘飞、牛群来往、峰恋、河川……姿态万千，变化无常（图5-55）。若经精心设计雕琢，更是妙趣无常。

▲ 图5-55　洮砚云雾纹

气纹型石料的纹络与云雾纹有些相似。区别处在于云雾纹的线条边缘与砚石的基色有明显的差异，而气纹则无。气纹的纹线模糊不清，呈现出蒙蒙的块状、带状、团絮状的纹络，若隐若现（图5-56），如水汽浮津。气纹的颜色反差对比很小，纹色的饱和度比云雾纹、水波纹还要浅、淡。气纹多呈现于暗红色的石料中。

点状纹是石纹呈现斑点状，点的颗粒有大有小。传说为王羲之在河边涮笔时墨溅石上而形成，这只能是传说而已。民间俗称"墨溅石""墨点石"。斑点状纹呈现于红、绿二石中，它一般与其他石纹并存于石间（图5-57）。点状纹的颜色不尽相同，暗红石中纹色呈深紫色、棕色、

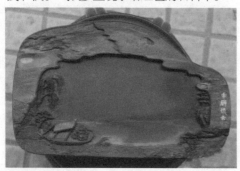

▲ 图5-56　洮砚气纹

▲ 图5-57　洮砚墨溅石

黑色。绿石中呈现墨绿色、黑色等。点状纹石料与其他纹型的石料在石质上并无太多的差别，斑点处的石料比较硬，大小不一，一般有指甲盖大小。

石纹也是鉴定洮砚石质的标志、依据之一。它与石料中的筋络、杂线截然不同。石纹是与石体肌理浑然不可分离的成分，它的形成仅是沉积中各层间所含微量元素的量不均匀，构成色相上的差别而已。而杂线则是其他外来物质浸入后造成的。所以，石纹越奇妙、杂线越少者品级就越高；反之，品级越差。

四、洮砚的雕刻艺术

千百年来，洮砚的雕刻艺术与其他砚类相比有明显特征，即采用浮雕和透雕两种技法。技法的采用必然与石质有着密切的关系。

透雕是在浮雕的基础上镂空其背景部分，这是洮砚雕刻艺术中最具特色的技艺。透雕图案的真实感、立体感很强，富有艺术魅力，增加了砚的观赏价值。透雕镂空后的凹底安排为砚的水池。如透雕的荷花下贮满清水，则成了充满自然生趣的莲池图（图5-58）。

▲ 图5-58 洮砚的透雕作品

洮砚的造型非常独特，其形状主要有：①几何形：是依据一定的尺寸比例人为制成的各种不同的几何图形，如方形、圆形、菱形等；②随意形：是依据原石形状，经过雕琢而成，但基本保持原石的形状；③天然形：是利用大自然赋予原石的天然形状，四周不作一刀雕琢，保留原石的大体形状（图5-59）。

▲ 图5-59 天然形洮砚

洮砚的另一特点是大部分砚台采用砚堂带盖的形式（即双砚）。其用处在于如果研磨后的墨汁暂时不用，不会因为水分的挥发而使墨汁变稠，不爽笔，同时，又可防止砚台较长时间不使用时落入灰尘，既存墨又保护砚堂。砚盖的制作工艺非常精致、考究，要求合口必须严实无缝，上下左右不松动。砚台带盖，以取同一块石料为贵，底、盖同一石色、石纹连续，称其为原石，也叫子母石（图5-60）。

▲ 图5-60　洮砚子母石

带盖洮砚从结构上来说分为三大部分：墨池、水池和图案雕刻等，有的墨池内有隆起的研墨台，与墨池合称为砚堂，也就是砚盖覆盖的部分；无盖单砚主要有图案雕刻部分和墨池部分，其雕刻塑造的主体主要是图案造型部分。

由于洮河砚石资源稀缺，取材不易，所以洮河砚的雕刻多是以形定制，正如制砚人常说的"应石象形，随形而饰，依形施艺"。当制砚艺人看到凹凸不平、圭角参差、形状各异的原石之后，设计构思将是决定制作成败的关键，故有七分构思、三分雕刻之说（图5-61）。一块优质砚石，能否制出一方优质的作品，反映出雕砚艺人在书法、绘画、雕刻、造型乃至文学艺术诸方面的修养和造诣。

▲ 图5-61　随意形洮砚

洮砚最传统的图案造型是民间广为流传的龙凤图案（图5-62），多为镂空悬雕，或二龙戏珠，或龙凤朝阳等等。此外，普通的图案还有人物、山水、花鸟等等。随着时代的发展，洮砚的造型已不单是传统的格式了，制砚艺人也开始创新求变。

▲ 图5-62　龙纹洮砚

五、洮砚的收藏价值

洮砚的石质决定了它的地位和身

价。北宋赵希鹄在《洞关清禄》中说："除端、歙二石外，惟洮河绿石，北方最贵重。绿如蓝，润如玉，泼墨不减端溪下岩，……得之为无价之宝。"因此，历代文人颇多对洮砚歌赞诗词。北宋张文潜云："明窗吐墨试秀润，端州歙州无此色"；黄庭坚云："洮州绿石含风漪，能淬笔锋利如锥"；今人赵朴初云："风漪分得洮州绿，坚似青铜润似玉。……一潭碧水净如玉。"可见文人们对洮砚的推崇。

洮砚有红有绿，以绿洮居多且常见，而以石色绿而蓝者为上，古人称之"鸭头绿""鹦鹉绿"。洮砚贵有膘。在绿洮中，有水波状纹路并伴生有铁锈色片痕的"黄膘绿漪石"最为名贵，位处"神、极、珍、妙、能"五品中的极品，古人云"洮砚贵如何，黄膘带绿波"，即指此之谓（图5-63）。

▲ 图5-63　洮砚 黄膘

洮砚石产于现甘肃省甘南藏族自治州卓尼县洮砚乡的喇嘛崖（图5-64），该地山崖险峻，道路崎岖，三面环水，水势激险，取材十分不易（图5-65）。

▲ 图5-64　喇嘛崖全景

▲ 图5-65　多年前的通往上层老坑的栈道，享誉全球最顶级的老坑石料都是通过这条小路用肩膀背出来的

洮石结构细密，石质莹润如玉，叩之无声，呵之出水珠，用以制砚，贮水不耗，历寒不冰，涩不留笔，滑不拒墨，且硬度适中，具有发墨快、研墨细、不损笔，挥洒自如，浓淡相宜，用之得心应手，风雅尽赋等特点。

洮砚的名贵，一在石质，二在它的雕刻精细，独具风格。具有：镂空悬雕，多为龙凤松鹤，旧时称为宫庭砚，此外，还有人物山水、梅兰竹菊、花鸟草虫等表现方式，古朴典雅，粗狂豪放，堪称民间艺术的瑰宝。今现新的一代制砚艺术家们，根据石质，因材施艺，小者微厘，

大者盈尺，不拘方圆，量石成砚，浑然天成，呈现出一种多层次，集文化素质及艺术修养于一体的艺术佳作，使之具有很高的欣赏和收藏价值。

澄泥砚

一、澄泥砚的产地和起始年代

澄泥砚是四大名砚中唯一不是石质的砚，制作砚的基本原料为澄泥，从陶瓷工艺学角度看，应属于陶器和瓷器之间的类型，归"炻器"类，但吸水率要比一般炻器低得多。根据各地澄泥砚的制作工艺及原料来源，"澄泥"可理解为"澄清（dèng qīng）除沙后的泥"。这种泥既可是河流淤泥，也可以是泥岩风化后形成的软泥。

澄泥砚的起源年代，历来莫衷一是，但应不迟于唐代。唐代著名书法家柳公权在《砚论》中，很明确地将澄泥砚与端砚、歙砚、洮砚并称为"四大名砚"。说明唐代澄泥砚的制作已达相当规模，且技术已经成熟。比较公认的说法是：始于

汉，盛于唐宋。澄泥砚的最早产地也是说法不一，有河南虢州说、山西绛州说、山东泗水说等等。在历史上应该就有多家生产，但究竟哪家生产的砚是其中的代表，目前已经很难考证了。

二、澄泥砚的形制及历史沿革

唐朝中世纪之前，陶砚居多。唐朝经济的发展，使得文人群体庞大，书法绘画艺术日臻精细，这对发墨质量差、吸水率高的陶砚来说，已经不能满足书画家精细创作的要求了。使用功能的需求促进了制砚工艺的改进。宋苏易简《文房四谱》记载："魏铜雀台遗址，人多发其古瓦，琢之为砚，甚工，而贮水数日不渗。世传云：昔人制此台，其瓦俾陶人澄泥以纟希纟谷滤过，碎胡桃油方埏埴之，故与众瓦有异

焉。"据此推断，应该是唐人将制作澄泥砖瓦的工艺运用到了制砚工艺之中，才提高了陶砚的品质，澄泥砚才逐渐跻身于四大名砚之一。

1. 唐朝时期澄泥砚

唐朝初期盛行多足砚，它是由两汉、魏、晋、南北朝时的圆形三足砚发展演变而来的，在南北朝时，三足砚就已经开始向四足、五足等多足的形式发展，到唐朝时甚至出现有20多足的砚。

随着唐朝经济和文化的发展，澄泥砚的形式、种类都发生了很多变化，造型更为丰富，纹饰朴素典雅。其造型有箕形砚、凤字砚、龟形砚、八棱形、长方形、方形、圆形、辟雍砚、石渠砚、圈足、多足，最为常见的是箕形砚和凤字砚。

盛唐时期多见箕形砚。箕形砚因其外形如同簸箕而得名，两端翘起，一端以足支持着地，首窄尾宽，砚首呈弧形，砚面少纹饰，砚面刻折痕，砚尾有单足、双足、楔足各式变化，砚池前深后浅，有圆底、方底两种。

凤字形砚，砚首窄于砚尾，砚首或圆或方直接落地，砚尾端平而宽，底端以足支撑落地，砚面有深砚池或浅砚堂，开斜坡缺口，砚面研磨之墨直注砚池，砚底由后向前作弧形圆凹。雕琢细腻、造型凝

重浑厚，为唐代中期器物（**图5-66**）。

△ **图5-66 唐代凤字形澄泥砚**

初唐至盛唐，澄泥砚砚式由多足演变为两足支撑、砚首底端落地、砚堂与砚池相连的箕形砚和凤字砚。箕形砚砚堂倾斜角度大于凤字砚，存在磨墨不便的因素，凤字砚的形制对砚堂的倾斜度进行了改进，倾斜角度缩小，接近于平行状态，方便研磨。外观造型上采用了"凤"字外形曲线，增加了砚形整体的优雅程度。箕形砚、凤字砚是具有唐朝独特时代特征的造型，实用性极强。

明人高濂《遵生八笺》中曾著录一方外作八棱形、墨池为正圆形的澄泥砚。其图说云："此唐之澄泥砚池，以泥水澄莹，烧而为砚，品砚以为第一。因其质细如石，其坚如玉故耳。"又说："上水池外皆海水波浪，中有跃鲤、奔马二物，刻法精妙，乃痕隐然，真稀世物也。"可见唐代的澄泥砚制作已经达到登峰造极的水

平了。

2. 宋朝时期澄泥砚

宋朝澄泥砚的形制以唐朝箕形砚、凤字砚为基础样式，突破传统砚，大胆创新，发展演绎出了多种形制样式，最为多见的是抄手砚，是宋砚的代表砚式。

所谓抄手，是用手抄砚底，方便托起。将砚底部挖空，成两墙足形，此形制使砚的自身重量减轻，同时具有稳定放置的状态。砚面倾斜，砚池一端低于砚堂，从形制看是对唐澄泥砚的沿革与演绎。抄手砚的形制可分为：箕形抄手砚、长方形抄手砚、玉堂抄手砚。宋代以长方形抄手砚为特色（图5-67）。

宋代抄手砚砚式延续了唐朝古朴大方、素雅简练的风格，体现了制砚注重实用，也体现了砚形功能分区明显的特点。砚足的变化是唐宋澄泥砚制式的最大不同之处，唐澄泥砚一般以两足和砚底一端为支撑，宋澄泥砚以两侧墙足和砚体一端为支撑。宋澄泥砚砚池渐浅于唐澄泥砚砚池。

🔺 图5-67　宋代蟹壳青长方形抄手砚

3. 明清时期澄泥砚

明朝澄泥砚形制总体继承了唐宋庄重古朴厚重的风格，在具体的砚形、砚式上呈现了多样化的趋势。随着制砚工艺的发展，澄泥砚的功能由唐宋时期的实用功能，向着实用和表现功能同时发展，集实用性、欣赏性、陈设性、艺术价值、艺术美感于一体，风格由端庄厚重渐趋于华美精致，艺术价值远远超越了使用价值。

明清时期的澄泥砚，在形制上继承唐宋时期砚的外在造型（长方形）。明末清初，以端庄素雅本色见长，以淳厚儒雅大方为尚。清中期，砚饰浓重，砚式无定型，各具匠心。与唐宋砚形制区别最大之处，就是明清砚再无支撑的砚足，而改为以砚的整体底为支撑（图5-68）。

清末民初，国家处在半封建半殖民地社会，外来品增多，连端、歙两砚的生产尚岌岌可危，澄泥砚则更是奄奄一息了。

🔺 图5-68　明清时期的花鸟澄泥砚

4. 现代澄泥砚

古代澄泥砚有多家生产，应该是不容置疑的事情了。究竟谁是古典记述的四大名砚之一，目前尚未考证清楚，但澄泥砚曾是中国四大名砚之一，是毋容置疑的。20世纪末，随着国民经济的发展和人民生活水平的提高，出于对中国砚文化传承的历史责任感，古代曾生产澄泥砚的地区，都踊跃承担传承历史文化的责任，这是中华砚文化在现代进一步繁荣的标志。

20世纪90年代，山西省新绛县（古绛州）开始恢复生产澄泥砚，并宣称山西绛州澄泥砚与端砚、歙砚、洮砚齐名，并称"中国四大名砚之一"。此后，河南的郑州、洛阳、焦作和山西的晋城、山东的泗水等地澄泥砚制品相继出现，都称自己是"四大名砚之一"。

上述产地的澄泥砚，均存在从古代某一时期到当代的断代、工艺失传的问题，恢复澄泥砚为中国四大名砚的地位任重而道远。但各厂家均由现代制砚大师作主导，制砚以手工为主，并展开了原材料、制作工艺、烧成制度等方面的综合研究，力求恢复澄泥砚的历史原貌，使澄泥砚这一中华艺术瑰宝得以传承和发展，同时也出现了众多的珍奇产品（图5-69）。

现代澄泥砚一般注重图案，讲究造型，器物线条凝练，承古而创新，将中华五千年文明图式、民俗吉祥图案、山川壮丽秀色、历史重大事件、古典文学名著、当代精神文明等融入砚中，表现出极高的观赏价值。

现代澄泥砚雕工讲究，飞禽走兽、花鸟鱼虫无一不是澄泥砚的创作对象，将圆雕、浮雕、透雕、线刻等技法融汇于一方澄泥砚中，其形小则柔美玲珑，大则敦厚气派，摹人则清秀俊雅，状物则灵动华丽。

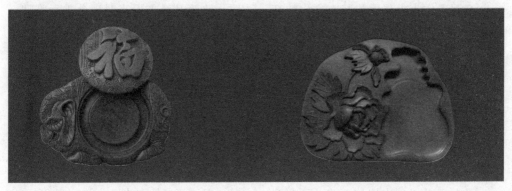

▲ 图5-69 现代澄泥砚

三、澄泥砚的特点及品相

历史上，澄泥砚形制既有本身的独特风格，又与时代风格相适应。除了它的形制与中国石砚发展相呼应外，其本身亦有许多区别于石质砚的特点。如：澄泥砚的砚坯不是天然的岩石，而是由人工用澄泥制作而成的，取材方便，不像端、歙、洮三种石砚取材那样困难，因而，除极品砚外，其经济价值一般不像其他三大石质名砚那样昂贵，所以普及率高；制作澄泥砚的材料可塑性强，不像雕刻石砚那样往往一刀下去可定全盘，泥砚可以回刀、修改；烧制时的火烧、色彩可由人工控制，虽然有些色彩得于无意之中（由窑变产生），但大体上的色泽与投放的添加剂有一定关系；外形上除规则几何形砚外，其余的砚型外缘圆滑友善，无石质砚因材施艺的粗犷感；对于质地的密度、坚实程度则更可由人工控制。

澄泥砚作为中华民族特有文化特征的造型器物，是华夏民族特有文化发展演变的一个见证，各个时期砚的制式、纹饰风格，都是当时文化、审美、工艺、材料、技术、需求的反映，从它留下的每个历史痕迹来看，都体现了一个时代的物质文明和精神文明发展的历程。

澄泥砚是经炉火烧炼而成，质坚耐磨，观若碧玉，抚若童肌，贮墨不涸，积墨不腐，历寒不冰，呵气可研，不伤笔，不损毫，具备石砚的基本特征，备受历代帝王、文人雅士所推崇，唐宋皆为贡品。武则天、苏东坡、米芾、朱元璋均有所钟，并着文记之。乾隆皇帝赞誉：抚如石，呵生津，其功效可与石砚媲美，此砚中一绝。

古代澄泥砚以朱砂红、鳝鱼黄、蟹壳青、豆绿砂、檀香紫为上乘颜色，尤以朱砂红、鳝鱼黄最为名贵。由于历史原因，流传至今的实物稀少，但它是现代澄泥砚艺人的努力方向。

四、澄泥砚的鉴赏和选购

文房四宝中的砚属于实用艺术品的范畴，既实用，又好看，二者兼备，外形美观大方，置于案几书桌之上才能让人赏心悦目。

选购澄泥砚，首先要通过品、工、质、铭等几个方面来对砚台进行鉴赏。即：品相出众，工艺精湛，质量上乘，铭记清晰。

1. 看造型

砚体形有圆、椭圆、半圆、正方、长方、随意形的，有带盖成套的，也有单一板式的，虽然形态与大小随意，造型各异，但均要求外型美观大方，还要拿取方便，作为工艺品摆件赏心悦目，作为实用性器皿使用时感觉舒适度好，墨堂墨池功能齐全，蘸墨、捵笔实用方便，使用起来得心应手，随心所欲，有利于书写时保持良好情绪。

2. 看颜色

由于制作砚的用泥质地的不同、添加剂不同、工艺水平不同、烧窑季节不同、燃料（柴、煤、燃气）不同、烧制温度不同、在窑内的位置不同等多种原因，砚会出现多种颜色，其中的"鳝鱼黄""蟹壳青""玫瑰紫""玛瑙红"等，属名贵的品种。只因上品难求，价格也较高。有的一砚多色，更是难求。

3. 看质地

质坚细腻，发墨而不损害笔毫者为佳。以物击之，坚如铁石，呵之得水，可与石砚相媲美。其特点是质地坚硬耐磨，易发墨，且不耗墨，不易干涸。在鉴别时可用嘴对着砚堂呵气，观察其上有露珠者，表明砚的质地是很细腻的，说明具有较好的发墨功能。

4. 试手感

澄泥砚由于使用经过澄洗的细泥作为原料加工烧制而成，因此澄泥砚质地细腻，手感犹如婴儿皮肤一般玉润滑爽，并具有发墨如油，墨汁不干，不伤笔毫，滋润胜水，可与石质佳砚相媲美的诸多特点，因此成为中国的四大名砚之一。另外，澄泥砚给人的感觉是夏天触之不太热，冬天触之不太冷，手感温润柔和。

5. 看雕刻

砚台的雕刻有浮雕、沉雕、半起胎、立体、镂空等品种。图案有神话故事、动物植物、山水人物、诗句名言等内容。既要看雕刻布局是否合理，还要看雕刻工艺水平如何。若以收藏为目的，不要选购机制的，机制的容易批量生产，无收藏价值。收藏一定要选购人工雕刻的，要求刀笔凝练，技艺精湛流畅，状物形态活脱，富有情趣。

6. 听声音

可用手指弹或用硬物轻轻敲击砚，听声音来辨别砚的质量好坏。道理很简单，因为澄泥砚属于陶器制品，鉴别陶瓷是否破损或有暗伤，通过敲击听声音来辨别，是一种十分有效的辨别手段。声音清脆悦耳者，甚至有金属一般的声音，表明砚的质地细腻，密度大，烧结度好，火候合适，没有破损。反之，声音沉闷者次之，甚至有破损。这时一定要仔细检查，先看有无明显的裂纹、破损或瑕疵，然后再看有无通过涂抹掩盖的暗裂或瑕疵，有疑问者应果断放弃。

7.看名气

即制作者或收藏者的名气大小。如果是名人之作或有名人收藏落款的澄泥砚，身价当然非比平常了。但要考证铭文的可靠性。铭文，是指砚的雕刻者或收藏者在砚的某个部位题诗或作句、落款等标识，名气大小将直接影响砚的价值和收藏潜力。

8.看产地

据相关资料介绍，澄泥砚的产地比较多，有山东泗水，山西绛县和五台山，河南洛阳，河北钜鹿，湖北鄂州，四川通州和江苏宝山等地。究竟谁是正宗的澄泥砚，说法不一，见仁见智，莫衷一是，只要喜欢，能够慧眼识金，那就是一款好的澄泥砚。

——地学知识窗——

窑 变

所谓"窑变"，主要是指陶、炻、瓷器在烧制过程中，由于窑内温度和烧成气氛发生变化，导致产品表面颜色发生的不确定性自然变化。窑变的结果不外有两种情况：一是窑病，二是窑宝。窑病花色令人恶心，属废品；窑宝颜色雅观华贵，令人赏心悦目，为极品。因窑变属非人力所为，所以窑宝是举世无双的，价格不菲。

Part 6 山东传统名砚

山东是古齐鲁之邦，文化源远流长。境内所产砚石，品类繁多；琢砚工艺，代有发展。鲁砚其实是以山东境内所蕴藏的砚石制成的砚的总称。其中，有红丝石、紫金石、淄石、砣矶石、徐公石、金星石、温石、田横石、尼山石、龟石、燕子石等十余种。

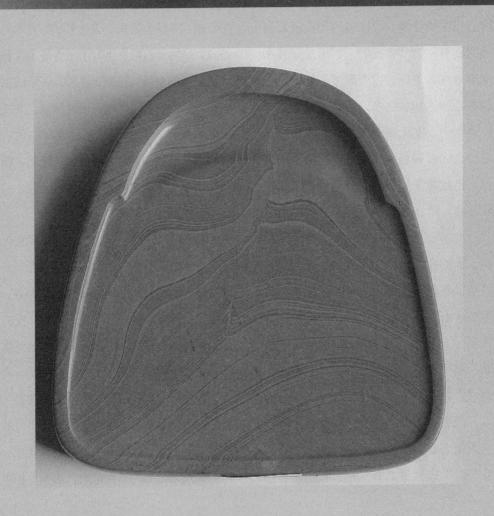

鲁砚的历史

鲁砚是我国砚石中种类最多，资源量较大的种群。所谓鲁砚，泛指山东境内所产的各种较为名贵的砚品，因山东古属鲁地，故以省内传统砚石制成的砚统称为"鲁砚"。据历史记载和初步考察，鲁砚在古今砚谱和地方志记载的品种达18种之多，因其品种丰富、特点鲜明、文化底蕴丰厚、石质细润、品位高尚而闻名，在砚林中占据重要地位，已被越来越多的砚台爱好者所重视和收藏。

文书记载中明确提出"鲁砚"一词，大约在20世纪70年代末，在此之前只有以红丝砚为代表的单个砚品名称，如红丝石、淄石、尼山石、徐公石、浮来石、田横石、砣矶石、金星石、温石、燕子石等十多个品种，却没有一个地域的总称。

西晋时期张华的《博物志》曰："天下名砚四十有一，以青州红丝石为第一。"唐代颜真卿、柳公权的著作中也有记载对徐公砚的称赞。宋代唐彦猷《砚录》、高似孙《砚笺》、米芾《砚史》、高南阜《砚史》，亦都有著述鲁砚的石质、色泽、纹彩、天然形状等方面的特点。1979年石可先生写了《鲁砚》《鲁砚谱》两部专著，详细记述和品评了山东各种砚品的历史、产地、砚材质地，并指出"鲁砚"充分发挥了各种砚材的色、纹、形等方面的自然特点，因材施艺，精巧寓于简朴之中，形成了朴实、大方、简洁等独特的艺术风格。

我国有几千年的文明史，民族文化遗产很丰富，它们在制砚艺术上也得到了充分体现。如商周的甲骨文字，青铜器、陶器上的图案纹样，玉器雕刻；秦、汉的刻石、竹简、砖瓦上的图案；汉魏的画像石刻；南北朝、隋、唐、五代、宋的造像、浮雕以及历代漆器、瓷器上的图案、绘画、金石篆刻等。所有这些，在鲁砚的制作上都有体现，所以说，古代鲁砚从一定侧面反映了当时、当地的艺术水平和审美观念，具有较高的学术价值。

鲁砚在制作、传承过程中，艺人充分运用和发挥各种砚材的色纹、石皮、形态等方面的自然特点，因材施艺、寓粗巧于简朴，逐渐形成了巧用天工、简朴大方、文化底蕴丰厚、艺术风格鲜明的地方特色，"出新意于法度之中，寄妙理于豪放之外"，在砚林中不断创造新的辉煌。

由于鲁砚在艺术上表现的特殊性和共同性，可以将其艺术风格归纳为"巧用天工，简朴大方"八个字。巧用天工的关键在于巧用。巧用，即用材施艺得当，用得恰到好处，这样便会显其纹，增其色；反之则损其纹，逊其色。简朴大方，关键在于简。简不能理解为简单，更不能与简陋混同。简，是高度的艺术概括，是艺术表现上的取舍得当。没有简，便做不到朴。朴即古雅、浑厚等，做不到朴便不会有大方的效果。正如刘海粟在看了鲁砚后说："你们是想得多，刻得少，让人有丰富的联想。"又如陈叔亮说："……设计有特点，充分利用自然形态，构思巧，雕刻装饰有特点，没有模仿通行的精雕细刻，而是因材施艺，略加点缀，能使人发挥更多的想象。"自清乾隆朝以来，制砚逐渐趋于烦琐，而鲁砚始终保持简朴大方的路子，保持了鲁砚的独有风格。

古代鲁砚在形制上多是因石赋形，形制上可归纳有圆形、方形、长方形、椭圆形及自然形等，基本以实用砚为主。随着现代科学技术的进步，砚的实用性降低，观赏性提高，对砚石艺人提出了更高的要求，出现了大批观赏性和实用性并举的砚种，同时也涌现了大批的观赏砚。如鲁砚制作中涌现的《听竹砚》《黄河情砚》《甲骨砚》《相思砚》，鬼斧神工，技压群芳，享誉国内外。其中的《听竹砚》作为国礼赠送来华访问的明仁天皇；《相思砚》等三件（套）砚作被评为国家工艺美术珍品；"唐诗三百砚"开创了中国大型系列砚文化的先河，让人一饱眼福。1978年鲁砚第一次进京展出，当代学者赵朴初、画家李苦禅、书法家马千里等人纷纷题辞祝贺。1979年在广交会和日本东京举行的鲁砚艺术展，鲁砚的石质及创作艺术深受国内外观赏者的好评，并开始出口日本、东南亚等地，被越来越多的国内外砚文化爱好者珍重和收藏。

山东砚石资源

根据材质，鲁砚分为石质砚和澄泥砚两大类。石质砚石是以天然石料做成的砚；澄泥砚即前文叙及的用泥烧制而成的砚。但鲁砚中的澄泥砚原材料不是河床淤泥，而是官庄群杂色泥岩的风化软泥。

近几年来，经山东省地质工作者和工艺美术工作者的不懈努力，发掘了不少优质砚石石材产地，使鲁砚由原来的十几个品种发展到目前的20余种，且各自形成谱系，驰名中外。

鲁砚在石质上，体现了细腻、柔润、细中有锋、柔中有刚、滑不拒笔、涩不呆滞、发墨益毫、经久耐用的特点。

山东省的砚石取材，在地质时代上跨度较大，从前寒武纪至古生代、中生代及新生代都有砚石产出。在岩性上，与全国的情况相同，基本上可分为两类砚石，即变质岩类（千枚岩、板岩类）和石灰岩

——地学知识窗——

粉砂质泥岩

黏土岩的一种，由黏土物质经压实作用、脱水作用、重结晶作用后形成。其由微小矿物组成，粒径小于1/256毫米，具有页状或薄片状层理，用硬物击打易裂成碎片，透水性很差。粉砂质泥岩主要成分为黏土矿物，含少量粉砂质。粉砂含量为25%～50%，黏土含量为75%～50%。浸水后，泥岩易软化。含英、长石的碎屑以及其他化学物质。

类。此外，还有黑色粉砂质泥岩及澄泥砚泥料，也是优质的制砚材料，鲁砚石的分布见图6-1，基本情况见表6-1。

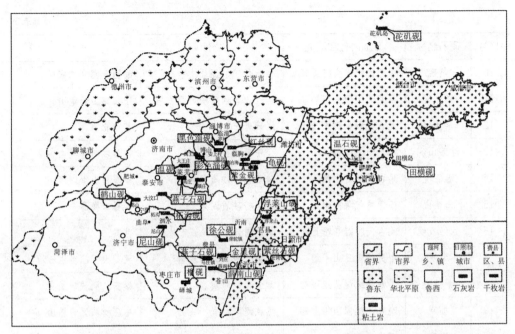

△ 图6-1 鲁砚的岩性及区域分布

表6-1　　　　　　　　　　　　鲁砚砚石地质情况一览表

序号	砚石名称	地质时代和层位	岩性	产地
1	红丝砚	中奥陶世马家沟群	砖红色含铁质微晶灰岩	青州黑山北坡红丝洞,临朐冶源老崖洞
2	砣矶砚	震旦纪蓬莱群豹山口组	含钛硬绿泥石千枚岩、板岩	长岛县砣矶岛
3	燕子石砚	晚寒武纪崮山组	含三叶虫泥灰岩	泰安大汶口、莱芜、沂源、费县等
4	淄砚	晚石炭纪太原组	含粉砂质泥灰岩	淄川区罗村河东
5	淄砚	晚寒武纪崮山组、长山组	含泥质灰岩	博山区禹王山一带
6	金星砚	中寒武纪张夏组	含古生物碎屑和黄铁矿灰岩	临沂、费县
7	徐公砚	震旦纪土门群	粉砂质泥晶灰岩	沂南徐家店
8	尼山砚	中寒武纪馒头组顶部	柑黄色泥质灰岩	曲阜孔庙村北
9	薛南山砚	中寒武纪张夏组	具自然溶蚀边的泥质灰岩	兰陵薛南山

（续表）

序号	砚石名称	地质时代和层位	岩性	产地
10	龟砚	中寒武纪馒头组顶部	含生物碎屑泥质灰岩	临朐辛寨乡刘家庄
11	鹤山砚	早寒武纪馒头组	砖红色含铁质粉砂质灰岩	宁阳鹤山、龟山
12	紫丝砚	元古代胶南群朱边组	绢云母千枚岩	莒南北岗
13	浮莱山砚	震旦纪土门群	含粉砂质微晶灰岩	莒县城西浮莱山
14	温石砚	早白垩纪青山组	暗紫色粉砂质泥岩	即墨马山洪阳河下
15	田横砚	晚侏罗纪莱阳组	黑色粉砂质泥岩	即墨田横岛
16	紫丝石砚	元古代胶南群坪上组	紫色绢云母绿泥石千枚岩	莒县
17	温砚	中奥陶世三山子组	黑色含泥质微晶灰岩	莱芜大王庄乡温石埠
18	紫檀砚	早寒武纪馒头组顶部	紫色含泥质灰岩	泰安、肥城、长青
19	榴砚	晚寒武纪崮山组上部	黑色泥质灰岩	枣庄峄城区青檀山
20	瓷砚	石炭、二叠系	黏土岩	淄博稷门
21	鲁柘澄泥砚	第三纪官庄组	杂色黏土岩（风化）	泗水柘沟

通过鉴定，各类砚石物质成分均匀，普遍含有粉砂质矿物，质地致密细腻，硬度3～4级，吸水率极低。原料特征决定了鲁砚具有发墨好、下墨快、贮水不涸的特性。

山东四大名砚

一、红丝砚

红丝石砚是鲁砚中优秀的品种之一，历史上以其质地嫩润、护毫发墨、色泽华缛、瑰丽多姿而在唐代被列为"四大名砚"之首，有"得此石，端歙诸砚皆置于衍中不复视矣"之盛誉（图6-2）。唐柳公权在他的《砚论》中说：诸砚以青州为第一，绛州次之，后始论端、歙、临洮。宋代诸家多有论述,苏易简《文房四谱》云:……
天下之砚四十余品,以青州红丝石为第一,
端州斧柯山石第二,歙州龙尾石第三,余
皆在中下……

△ 图6-2 精美的红丝砚

砚石产于青州西部的黑山和临朐冶
源老崖崮。唐中和年间始采于青州府益都
县黑山,后陆续开采于临朐县的老崖崮
(临朐古为青州所辖)。以州名物是历史
上许多产品沿用的习惯,故红丝砚古称
"青州红丝砚"。

该石开采之初,由于坑储不多,开
采时断时续,至北宋末年即已开采告罄,
故后世所称的"四大名砚"已不包括红丝
石砚。而今,它又以石质润美、坚而不顽
的优良品质赢得了现代大家赵朴初、启功、
刘海粟、吴作人等先生的赞美,被誉为"品
评宜第一"。

红丝砚石称为"红丝石",赋存于
寒武纪马家沟群第一岩段顶部与第二岩段

底部的接触部位。该石在地下呈夹层状或
不规则的团块状,矿层厚几厘米到1米不
等,不能形成稳定连续的矿层,所以发现
和开采均较困难,这也是红丝石珍贵和历
史上中断开采的原因之一。

根据红丝石的地色和丝色,将红丝
石的石品花纹分为4种,即红地黄纹、
黄地红纹、红地红纹和红地无纹(图6-3
至图6-6)。其中,红地无纹者呈深红、
淡曙红者皆有,无丝纹。如不了解红丝石
者,往往认为其不是正宗的红丝石,实际
上该石石面洁净,石质细腻,发墨好,是
红丝石中的珍品。

红丝石的红色,由重至淡差距很大,
通常有紫红、深红、朱红、曙红、柑红、
淡红、灰红等;红丝石的黄色,从鲜艳的
金黄色到暗淡的土黄色皆有之。

红丝砚纹理多为曲线纹,丰富多
彩,品相繁多,《光绪临朐县志》记载:
"如山水、草木、人物、云龙、鸟兽诸
状。"仔细品评当代作品中的红丝砚,有
云雾状纹彩,如云似风轻盈飘荡;有细如
发丝者回旋缭绕环环相扣,小如花梨鬼
脸,大如泉水涟漪,幻象无穷;有的如彩
霞飞练盘旋飘逸。横向纹理如涓涓细流,
恬淡静雅,令人心旷神怡;纵向似百丈瀑
布自天而降,又似长江大河波涛汹涌气势

△ 图6-3 红丝砚 红地红纹

△ 图6-4 红丝砚 红地黄纹

△ 图6-5 红丝砚 红地无纹

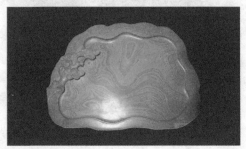

△ 图6-6 红丝砚 黄地红纹

宏大者。有的红地黄花，斑驳有致；有的似若繁星点点，别有风味；也有的似千年枯木残桩，环环年轮历历在目（图6-7）；还有回旋排列规范有致，如传统回纹图案一般，令人惊奇大自然的鬼斧神工；如能遇到一二石眼，那更是万分有幸了（这里指的石眼是中间青黑色点外有黄色包围的活眼，而非仅仅一个青色矿物结晶点的盲眼者）。

红丝石的主要特点是：砚石受表生地质作用影响，大块难得，偶见大块，石中间又大多有石线贯穿，不能作整体雕刻；单块原料表现为板状成材，独立成块，几何形状不规则，甚至有奇石状的特殊形状；纹理变化丰富，石层厚薄不均，层面凹凸不平，纹理多不贯穿。以上特点，决定了红丝石在制砚时必须因材施艺，做不到同一规格定型批量生产，一砚一式、一品一款，所以在形制上以随形砚居多。这也正好迎合了当代人喜爱丰富多彩的生活环境的审美需求。

△ 图6-7 红丝砚 年轮状纹理

▲ 图6-8 红丝砚 型物状纹理

红丝砚呈现在我们面前的是其婴儿肌肤般的细腻质地、艳丽夺目的色彩和变幻莫测的纹理（图6-8），加之艺术大师的巧手妙思，令人爱不释手。正如赵朴初先生题红丝砚曰："彩笔昔曾歌鲁砚，良材异彩多姿，眼明今更遇红丝，护毫欣玉润，发墨喜油滋，道是天成天避席，还推巧手精思，天人合妙难知，刀裁云破处，神往月圆时"。

红丝石的石品鉴别与其他石砚无原则区别，但要注意其手感和声音。上乘的红丝砚抚之如玉而呵气成露，砚堂纹理细腻，手感无坑洼不平和粗糙感，砚边一定要手感顺畅，四角内外一定要圆转、光滑、自然。上好的红丝砚，叩之犹如竹木之音，不钢不棉；如过钢，则此石顽滑有余而发墨不足；如暗哑沉闷犹如砖瓦，定然是质地粗劣、渗漏吸水之类；再如声音散乱则有暗藏裂纹之嫌疑，不宜久存，遇寒冷必裂。

经考证，红丝砚新的比旧的好。根据对比发现，清代以前的红丝砚，其石质和纹理的品相都不如现在新开发的好，其纹理及图案也不及当代作品丰富，色泽也不如当代的艳丽。由此看来，收藏当代红丝砚精品应是不错的选择。

二、砣矶砚

砣矶砚别名"鼍（tuó）矶砚"，又名"金星雪浪砚"。以砚石产于鼍矶岛而得名。鼍矶岛又名驼基岛，今名砣矶岛，位于山东省蓬莱市北长山列岛中，旧属蓬莱县治，今设长岛县。

鼍矶砚始于北宋，盛于明清，抗战时期停产。佚名《砚品》："宋时即以鼍矶石琢以为砚，色青黑，质坚细，下墨甚利，其有金星雪浪纹者最佳，极不易得。"明徐渭："鼍石可与歙石乱真。"清高凤翰《砚史》："北方砚材青州红丝，登州鼍矶而已。"清时，鼍矶砚为宫廷贡品。故宫博物院收藏有鼍矶砚一方，为乾隆年间所制，色青间碧，中凝白，发墨佳，周围刻蟠螭五，覆手镌乾隆手书七言诗一首："驼基石刻五蟠螭，受墨何须夸马肝。设以诗中例小品，谓同岛瘦与郊寒。"

乾隆皇帝诗中的"马肝"，系指紫红色端砚呈马肝色，历来被视为砚中的佼佼者。"何须夸马肝"正褒扬了砣矶砚可与端砚相媲美。诗中的"岛瘦"与"郊寒"，系指唐代著名的诗人贾岛和孟郊。其二人诗作的风格清真僻苦，格调幽雅，在乾隆皇帝看来，砣矶砚恰似贾岛、孟郊的诗风一样，独树一帜。据日本《龟阜斋藏砚录》图谱中载，砣矶金星雪浪砚已于清代传入日本。

砣矶砚石赋存于震旦纪蓬莱群豹山口组，岩性为含白钛矿绿泥石千枚岩，矿层走向北西，倾角60°，厚度0.5～1米，夹于白色绢云母石英片岩中，延伸于海平面以下。

砣矶石中含绢云母45%～50%，呈细小的鳞片状，分布不太均匀，粒度平均0.04毫米；硬绿泥石40%～45%，呈半自形长条状，长0.14～0.16毫米，宽0.01毫米，淡黄绿色；石英10%～15%，不规则粒状，平均粒度0.09毫米。砚石中含少量的白钛矿、黄铁矿、电气石，以及非晶质的炭质物等。矿物颗粒多呈细粒状、鳞片状，变余泥质显微鳞片变晶结构，片状矿物定向排列。岩石成分均一，质地致密，硬度3～4之间，既不吸水，也不透水。岩石类型与歙砚石相同，微观结构与歙砚类似，故有"鼍石可与歙石乱真"的说法（图6-9）。在历史的记载中，文人墨客

0.5mm

▲ 图6-9　砣矶石的显微结构

对砣矶砚多留下美好的赞誉。清代名士董寄庐评赏砣矶砚为："砣矶石似歙而益墨殊胜，有枯润二种，得之润水中者尤佳，石家藏此砚而宝之。"

砣矶石料基本为青黑色，也有的呈青里泛黄、青里泛红者。以纹理丰富而著名。基本纹理有雪浪纹、云雾纹（图6-10）、刷丝纹（图6-11）、金线纹、银线纹，也有类似于端砚的鱼脑冻等等的纹理，其花纹类型及优雅程度不在端、歙之下，花纹丰富程度应在端、歙之上。若能巧用石皮，更显庄重典雅（图6-12）。

▲ 图6-10　砣矶石的翠斑、云雾纹

▲ 图6-11 砣矶石中的刷丝纹

▲ 图6-12 砣矶砚巧用石皮

加工雕刻成砚后，其色泽如漆，金星闪烁，雪浪腾涌，具有研不起沫、下墨甚利、涩不滞笔损毫、油润而不吃墨等特点。《唐录》中称砣矶石"色青墨，罗纹金星，甚发墨，全类歙而纹理不如"。而宋代唐彦猷《砚录》记载："登州海中砣砚石，发墨类歙，文理皆不逮也。"

砣矶石若含星点状黄铁矿，如金屑撒在石上，闪耀发光，即所谓金星。若有明度不同雪浪纹，小如秋水微波，大如雪浪滚滚，着水似欲浮动，映日泛贝光，故名金星雪浪（图6-13）。1984年，原全国书法协会主席舒同偶得此砚（图6-14），连连称奇，赞不绝口。欣然泼墨挥毫，谓砣矶砚为："金星闪烁雪浪翻，为文泼墨赛马肝。"

▲ 图6-13 金星雪浪砚石

▲ 图6-14 金星砣矶砚

三、燕子石砚

燕子石是因砚石表面上有似飞翔的燕子状的古生物化石而得名。所谓的"燕子"，实际是三叶虫的尾刺或头甲骨。因所谓燕子石中的"燕子"也像飞翔的蝙蝠，而蝙蝠的"蝠"通"福"字，所以燕子石又名"蝙蝠石"，其砚又称"蝙蝠砚"。

燕子石为层面含有大量三叶虫化石碎片的薄层泥晶石灰岩，产于泰安市大汶口南汶河河床，莱芜市大王庄、颜庄和圣井，沂源县土门、燕崖，莒南县夏峪、李套，费县马庄，沂水县诸葛，平邑县铜石，枣庄尚岩，沂南及章丘等地。砚石资源分布广，产量多，易开发。含砚石的地层为上寒武纪崮山组上部页岩夹薄层状灰岩，含矿层厚度1~2米。

砚石单层厚一般1.5厘米左右，大于2厘米者少见。砚石青灰色、灰黄色或紫褐色（图6-15，图6-16），质地细腻，温润如玉，其三叶虫化石附着于层面，宛如天人镶嵌。三叶虫化石富集的岩石层面，多有一层厚1~2毫米、颜色呈青灰色或黄绿色的泥质灰岩，该层泥质灰岩的存在，有利于将化石剥离出来，以表现化石的立体形象（图6-17）。

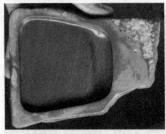  

▲ 图6-15 青灰色丝纹燕子石砚　▲ 图6-16 黄色燕子石砚　▲ 图6-17 砚石层面上的三叶虫

三叶虫是华北地区寒武纪标志性化石（学名：trilobite），是节肢动物门中已经灭绝的三叶虫纲中的动物，它们最早出现于寒武纪，在古生代早期达到顶峰，此后逐渐减少至灭绝。最晚的三叶虫，于2.5亿年前二叠纪结束时，生物集群灭绝中消失。三叶虫是非常知名的化石群体，其知名度可能仅次于恐龙。在所有的化石动物中，三叶虫是种类最丰富的，至今已经确定的有9个目、15 000多种。大多数三叶虫是比较简单的、小的海生动物，它们在海底爬行，通过过滤泥沙来吸取营养。从背部看，三叶虫为卵形或椭圆形，成虫的长为3~10厘米，宽为1~3厘米。小型的6毫米以下，个别大的可达10厘米以上。从结构上可分为头甲、胸甲和尾甲三部分，故称三叶虫。由于胸甲部分肉质丰富，死亡后容易腐烂，所以完整的化石少见（图6-18），我们在岩层表面见到的多是头甲和尾甲（尾刺）部分及三叶虫的骨质碎片。

泥晶灰岩是石灰岩的主要类型之一。本类岩石几乎全由0.001~0.004毫米的灰泥（又称泥晶）组成，仅含少量异化

🔺 图6-18 完整的三叶虫化石

粒（小于10%）。这些异化颗粒可能是内碎屑，也可能是外碎屑，也可能是方解石晶体。泥灰岩在结构上相当于陆源黏土岩，常形成于低能环境，如潟湖、潮上带、浪基面以下的深水区。有些泥晶灰岩处在软泥阶段被生物扰动或遭受滑动变形，形成扰动泥晶灰岩。因不均匀白云化及含有铁质等，而使砚石显黄色、褐红色，或出现不规则斑纹。

山东燕子石的产地较多，但没有例外的是，岩石均为薄层状构造。这种构造极大地限制了燕子石砚的基本造型。所以，燕子石砚的基本造型为板状砚，其平面形态则多根据砚石的大小和形状确定，有方形砚、长方形砚、圆形砚及随形砚等，其中以随形砚居多。在艺术上，装饰性的雕刻较少，重点是把"燕子"的地位突出地表现出来。一般情况下，砚师总是将造型好的"燕子"放在砚额或砚盖的中部等突出的位置。

---地学知识窗---

薄层状构造

又称板状结构，是薄层沉积岩、副变质岩、火山岩岩体被比较发育的层理、片理和节理切割成板状、层形结构体所组成的岩体结构类型。

燕子石质地坚密，细腻润泽，形状多变，磨制成砚，抚之如凝脂，沉透如润玉，保潮耐涸，叩之有铜铁之声，易于发墨，实属鲁砚之上品，深受历代书画家珍爱。明朝洪武年间，在曹昭著述的文物鉴定专著《格古要论》中有详细记述。清王士禛在《池北偶谈》中写道："邹平张尚书崇祯间游泰山，宿大汶口，偶行至汶水滨，水中得石，作多蝠砚。"并飨以铭文："泰山所钟，汶水所浴，坚劲似铁，温滢如玉……"张延登过世后，其砚被浙江巡抚张勄收藏，对此，清代著名文学家孔尚任赋诗赞道："张家两中丞，得失如轮转；一砚供二贤，前后荷殊眷。"盛百二《淄砚录》："其背有如蝙蝠者，如蜂、蝶、蜻蜓者，文皆凸出，制砚名鸿福砚……"清乾隆《西清砚谱》亦收蝙蝠砚数方，且

——地学知识窗——

化 石

保存在地壳的岩石中的古动物或古植物的遗体或表明有遗体存在的证据都谓之化石。

在砚谱中名列于前。1987年，天津博物馆举办"中国砚史展"，展出一方大可盈尺的椭圆形燕子石砚，砚体四周有近百只振翅欲飞的"小蝙蝠"，令人叹为观止。

燕子石制砚已有悠久的历史。明、清时代即有此工艺，称燕石砚为"多福砚""鸿福砚"。但在改革开放以前的多年中，该行业一直处在停滞之中。

改革开放后，随着人们生活水平的提高，观赏需求也随之增加，给燕子石加工带来前所未有的商机，促进了燕子石加工业的兴旺发达。同时也涌现出诸多传世佳作，深受当代书法界及砚石爱好者的青睐。当代著名书画家范曾先生题诗道："化石峥嵘亿年沉，纷纷燕子入残痕。轰然地裂无边火，铸就混沌万古魂。"当代著名书法家欧阳中石赞赏道："五亿年前古，翩翩燕子飞，奇珍天下宝，史迹依稀存。"著名文学家吴伯萧题词："鬼斧神

工"，书法家舒同题词："天趣"，武中奇题词："妙品"。日本前首相中曾根访华时，中国领导人曾赠送给他一件燕子石工艺品。平壤博物馆里至今还陈列着邓颖超当年访问朝鲜时，赠送给金日成主席的一块燕子石原石。中国孔子基金会自1987年起，就把燕子石列为儒学国际研讨会的纪念品，2003年起被山东省旅游局指定为旅游购物名牌产品。

因砚中的"蝠"与"福"同音，有福禄双全、福如东海、福寿齐天、福寿无疆、福星高照等寓意。经中国泰山砚文化产业基地精心打造，集中了一批优秀的雕刻匠人，使这"多福"砚得以在鲁砚中重现光彩，成为了馈赠亲朋好友的极佳选择。由于燕子石砚原料丰富，取材不像其他砚石那样困难，故燕子石砚的价格不高，容易被大众所接受。

四、鲁柘澄泥砚

鲁柘澄泥砚，又称柘砚、鲁柘砚、柘沟陶砚等，属山东泗水县特产，因产于春秋时期鲁国属地制陶古镇柘沟而得名。

柘沟镇是一个古老而闻名的制陶古镇，据说有5000年的制陶历史，柘沟大缸远近闻名。从出土的大汶口文化晚期的遗址可以看出，当时，柘沟的先民就烧制陶器。秦汉时期，柘沟的制陶业就十分发

达，从小巧的古香炉，到大型的缸、瓮、盆、罐等已经形成完整的产品系列，行销晋、冀、鲁、豫、皖等地。发达的制陶业为鲁柘砚的诞生提供了原料、工艺和烧成技术等方面的基础条件，使得当地的制陶业由单一的生活器皿向文化领域自然延伸，书写用的研磨器就随着文化的繁荣应运而生了，唐宋达到鼎盛时期。故宫博物院及各地博物馆存鲁柘古砚颇丰，多为北宋抄手砚精品，砚背钤印除"鲁柘砚""东鲁柘砚"外，尚有"柘沟赵砚""柘沟袁家""柘沟石家""柘沟彭家名砚"等等。可见，当时柘沟镇的制砚业是何等地兴旺发达。清光绪二十八年（1902年）编《泗水乡土志》称："柘沟镇瓦砚质甚坚细，本境临境多行使者，故柘砚之名亦著"。

鲁柘砚始于汉代。据载："公元前51年（西汉甘露三年）泗水柘沟地产砚。" 由于当时文字是书写在丝绸和竹简上，所以只有少数人才用得上砚台，加之工艺粗糙，成品率较低，从而限制了鲁柘砚的发展。

鲁柘澄泥砚快速发展于唐朝，当时社会稳定，并且社会生产力长足发展。一方面，造纸业快速发展，纸张生产量大，普及率高，文化空前繁荣，作为文房四宝之一的砚台需求量也随之增加；另一方面，由于科技进步，砚台生产工艺更加先进，产量大增，科举制度的兴起也成为了鲁柘砚兴旺发达的一个重要原因。

鲁柘澄泥砚鼎盛于北宋初期。尽管经历初唐的藩镇割据、五代十国的朝代更替，由于并没有发生全国性大规模的破坏性战争，因而不仅没有破坏社会生产力，反而推动社会生产力继续向前发展。科举制度逐步完善，生产工艺日臻成熟，从而带来了澄泥砚生产史上的"黄金时代"，留下不少传世名作，现在全国省市县博物馆、文管会（所）中藏砚颇丰，多为宋代抄手砚（图6-19至图6-22）。

从出土和散存于各地的古陶砚可以看出，那时的陶砚有的已非常精致。北宋时记载："在今泗水县西北。其地产赤道（红色黏土），镇人制为陶器，亦可制砚，光润如玉，谓之柘砚，定价颇廉，贩运至京师，有获利百倍者。"这一记载既说明了鲁柘砚的原料来源、砚的质地，又说明了当时的价格情况及市场繁荣程度。

北宋后期封建制度走向下坡，北宋长期与辽金作战，并屡屡失利，匠人们为了安定的生活，四处逃散，从而使鲁柘澄泥砚湮没于历史的长河中，制砚工艺也随之失传。直到1972年中日建交后，日本访

▲ 图6-19　鲁柘澄泥砚虾头红　　　　　　　　▲ 图6-20　鲁柘澄泥砚蟹壳青

▲ 图6-21　鲁柘澄泥砚冰纹紫　　　　　　　　▲ 图6-22　鲁柘澄泥砚玫瑰紫

华团成员提出要购买鲁柘砚，这才引起有关部门重视，在当地政府的支持下，经过制砚匠人多年努力，才使得昏睡800年的鲁柘砚焕发了昔日的青春。1989年，以金石专家石可先生主导的鲁柘砚恢复研制工作获得成功，引起社会各界及知名人士的关注。著名画家尹瘦石先生看了鲁柘砚后兴奋不已，欣然为鲁柘砚题名："鲁柘澄泥砚"，我国著名作家端木蕻良观砚后即兴赋诗："鲁柘石砚早无传，岁岁年年对暮烟，石可手棒鲁柘土，芙蓉出水火生莲。"并题词曰："琢玉求贞"。1991年5月，全国政协原副主席谷牧出访日本，将鲁柘砚作为国礼赠送给日本前相海部、中曾根等人。此外，鲁柘砚作为高级礼品还赠送给韩国、德国等国家以及中国香港、中国台湾地区的知名人士和朋友。

鲁柘砚的原料为产于泗水县柘沟镇的第三纪官庄群杂色黏土岩，经采样分析，13件样品的分析检测结果显示：含二氧化硅49%～67%，三氧化二铝11%～30%，三氧化二铁5%～19%，氧化亚铁0.25%～0.71%，二氧化钛0.25%～2.16%，氧化钙0.51%～10.5%，氧化镁 0.36%～2.3%等，共含有26种氧化物。

从化学成分上看，由于染色物质的铁和钛变化区间较大，还原环境下烧制的产品为青色，氧化环境下烧制的产品可产生自红黄色至紫红色的系列产品。如果能将不同成分的泥料合理揉和，再在烧成气氛上下大功夫，可产生不同成色和品相的产品。若窑变产生窑宝，那更会令人喜出望外。

目前，鲁柘澄泥砚有墨、酱红、灰、花等十多个花色品种，均具有沉静坚韧、温润如玉、含津益墨、声若金石、手触生晕、发墨如油、不渍水、不损笔等特点。其质地、造型、色泽、使用等方面，既可与唐宋名砚媲美，又优于国内同类产品，实属艺苑瑰宝。

鲁柘砚原料丰富，工艺成熟，再加上现代窑业技术先进，所以价格不高，能被大多数砚艺爱好者所接受，但要获得一件窑宝，那就不是简单的事情了。

附 录

文房四宝之一——笔

毛笔，是中国独具特色的书写、绘画工具。据传，毛笔为蒙恬所创。毛笔在历代都有不同的称呼。春秋战国时期，吴国叫"不律"，楚国叫"插竹"。而白居易称笔为"毫锥"。

1. 毛笔的起源

史记中曾记载："秦始皇命太子扶苏与蒙恬筑长城以御北方匈奴，蒙恬取山中之兔毛以造笔。"文房四谱上也记载："昔日蒙恬造笔，以拓木为管，鹿毛为柱，兔毛为被，此乃谓苍毫也。"博物志云："秦之蒙恬将军取狐狸毛为柱，兔毫为被以书。"因此，我们通常称蒙恬将军为毛笔的史祖。

但根据考古资料，笔的发明过程，最早可溯至新石器时代末期的仰韶文化期，虽然没有足够的文字记载可资证明，但通过对已出土的仰韶彩陶上花纹的研究，发现可能是由类似毛笔的工具所绘制而成，及至商朝甲骨文的研

究，可明显地看出刀刻的甲骨文边缘，是先用毛笔书写其上再刻成的。周朝的青铜器上所铸的文字，依其字形判断，有书写的形状与笔意，推断书写的工具就是毛笔。1954年，在湖南长沙郊外的左家公山出土的战国时代楚墓文物中，已有多种古毛笔及其相关的书写文物，这是首次使我们对汉朝以前毛笔形象的想象真相大白，该批文物中的毛笔称之为"长沙笔"，是由高级的兔毫所制成，毛长2.42厘米，笔管长16.6厘米，笔管是由细竹制成，制法是将兔毛夹插于管端，以细丝绑紧后用漆固定，此一制作在技术上已是相当高超。

汉代毛笔进入了一个新的发展阶段。一是开创了在笔杆上刻字、镶饰的装潢工艺，如甘肃武威磨嘴子东汉两墓中，各出土一支刻有"白马作"和"史虎作"的毛笔；二是出现了专论毛笔制作的著述，如东汉蔡邕著《笔赋》，这是中国制笔史上的第一部专著，对毛

笔的选料、制作、功能等作了评述，结束了汉代以前无文字评述的历史；三是出现了"簪白笔"的特殊形式。汉代官员为了奏事之便，常把毛笔的尾部削尖，插在头发里或帽子上，以备随时取用。祭祀者也常在头上簪笔以表示恭敬。"白马作"毛笔出土时就是在墓主头部左侧。

至元代、明代时，浙江湖州涌现出一批制笔能手，如冯应科、陆文宝、张天锡等，以山羊毛制作羊毫笔风行于世，世称"湖笔"。自清代以来，湖州一直是中国毛笔制作的中心。与此同时，其他地方也有不少名牌毛笔陆续出现，其中，河南皖香毛笔、上海李鼎和毛笔、安徽六安一品斋毛笔都曾在国际博览会上获奖。

2. 毛笔的种类

毛笔的种类繁多，按笔头原料可分为胎毛笔（用初生婴儿的头发）、狼毛笔（狼毫，即黄鼠狼毛）、兔肩紫毫笔（紫毫）、鹿毛笔、鸡毛笔、鸭毛笔、羊毛笔、猪毛笔（猪鬃笔）、鼠毛笔（鼠须笔）、虎毛笔、黄牛耳毫笔、石獾毫等。依常用尺寸可以简单地把毛笔分为小楷、中楷、大楷。更大的有屏笔、联笔、斗笔、植笔等。依笔毛弹性强弱可分为软毫、硬毫、兼毫等。按用途可分为写字毛笔、

书画毛笔两类。依形状可分为圆毫、尖毫等。依笔锋的长短可分为长锋中锋短锋。

3. 毛笔的特性

羊毫笔：是以青羊或黄羊之须或尾毫制成，在秦朝蒙恬时成为制笔材料。羊毫柔而无锋，书亦"柔弱无骨"，故历代书法家都很少使用。羊毫造笔，大约是南宋以后才盛行的，清初之后被普遍采用。因为清代文人讲究圆润含蓄，不可露才扬己，只有柔腴的羊毫能达到当时的要求。羊毫笔比较柔软，吸墨量大，适于写表现圆浑厚实的点画。此类笔以湖笔为多，价格比较便宜。一般常见的有大楷笔、京提（或称提笔）、联锋、屏锋、顶锋、盖锋、条幅、玉笋、玉兰蕊、京楂等。

狼毫笔：就字面而言，是以狼毫制成。前代也确实有以狼毫制笔者，但今日所称之狼毫，为黄鼠"狼"之"毫"，而非狼之毫。狼毫所见的记录甚晚，可推至晋代之前，但无法肯定。黄鼠狼仅尾尖之毫可供制笔，性质坚韧，仅次于兔毫而过于羊毫，属健毫笔。狼毫笔以东北产的鼠尾为最，称"北狼毫""关东辽尾"。狼毫比羊毫笔力劲挺，宜书宜画，但不如羊毫笔耐用，价格也比羊毫贵。常见的品种有兰竹、写意、山水、花卉、叶筋、衣纹、红豆、小精工、鹿狼毫书画（狼毫中加入鹿毫

制成）、豹狼毫（狼毫中加入豹毛制成的）、特制长峰狼毫、超品长峰狼毫等。

紫毫笔：是取野兔项背之毫制成，因色呈黑紫而得名。我国南北方的兔毫坚劲程度不尽相同，也有取南北毫合制的。兔毫坚韧，谓之健毫笔，以北毫为尚，其毫长而锐，宜于书写劲直方正之字，向为书家看重。但因只有野兔项背之毛可用，其值昂贵，且豪颖不长，所以无法书写牌匾大字。紫毫笔挺拔尖锐而锋利，弹性比狼毫更强，以安徽出产的野兔毛为最好。

鼠须笔：是用家鼠鬓须制成，始于汉代。当时书法大家张芝、钟繇皆用鼠须笔；晋书圣王羲之用鼠须笔写下了绝世佳品《兰亭序》。鼠须笔挺健尖锐，与紫毫相匹敌。据说，今鼠须笔制法已失传，笔店所售鼠须笔皆以紫毫充当，已名存实亡。

鸡毫笔：是用鸡的胸毛制成，相当柔软，如棉团一般。用鸡毫笔写字笔势奇宕，字迹丰满，但掌握不好，字迹臃肿像"墨猪"。古今善用鸡毫笔并有著录的，恐怕只有苏东坡一人。该笔初学书法者难于掌握，不宜使用。

猪鬃笔：是用猪鬃加工制成，其特点是健、硬、挺拔、单根独立、不拢抱，笔头呈散型。用于书写大匾。

兼毫笔：是合两种以上之毫制成，依其混合比例命名，如三紫七羊、五紫五羊等。蒙恬改良之笔，以"鹿毛为柱，羊毛为被"，即属兼毫笔。兼毫多取一健一柔相配，以健毫为主，居内，称之为"柱"；柔毫则处外，为副，称之为"被"。柱之毫毛长，被之毫毛短，即所谓有"柱"有"被"之笔。被亦有多层者，便有以兔毫为柱，外加较短之羊毛被，再披与柱等长之毫，共三层，所以根部特粗，尖端较细，储墨较多，便于书写。特性依混合比例而不同，或刚或柔，或刚柔适中。

兼毫笔常见的种类有羊狼兼毫、羊紫兼毫，如五紫五羊、七紫三羊等等。此种笔的优点兼具了羊狼毫笔的长处，刚柔适中，价格也适中，为书画家常用。

此外，根据笔锋的长短，毛笔又有长锋、中锋、短锋之别，性能各异。长锋容易画出婀娜多姿的线条，短锋容易使线条凝重厚实，中锋则兼而有之，画山水以用中锋为宜。根据笔锋的大小不同，毛笔又分为小、中、大等型号，以适应书写小、中、大型字的需求。

4. 毛笔四德

毛笔都具有尖、齐、圆、健四个特点，称为毛笔四德。

尖：指笔毫聚拢时，末端要尖锐。笔尖

则写字锋棱易出，较易传神。选购新笔时，毫毛有胶聚合，很容易分辨。在检查旧笔时，先将笔润湿，毫毛聚拢，便可分辨尖秃。

齐：指笔尖润开压平后，毫尖平齐。毫若齐则压平时长短相等，中无空隙，运笔时"万毫齐力"。

圆：指笔毫圆满如枣核之形，就是毫毛充足、饱满的意思。如毫毛充足饱满，书写时笔力完足，运笔能圆转如意，笔锋圆满；反之则身瘦，缺乏笔力。选购时，毫毛有胶聚拢，是不是圆满，仔细看看就知道了。

健：即笔腰有弹力。将笔毫重压后提起，笔锋随即恢复原状。笔有弹力，则能运用自如，书写流畅。一般而言，兔毫、狼毫弹力较羊毫强，书写起来坚挺峻拔。关于这一点，润开后将笔重按再提起，锋直则健。

5. 毛笔的选用

中国的制笔，历史上有侯笔（河北衡水）、宣笔（安徽宣城）、皖香毛笔（河南孙店）三大中心。现在上海、苏州、北京、成都等地生产的画笔也享有盛誉。

（1）书写用笔：选笔时要顾及写哪种字体、写多大的字。如：风格健劲的，选用健毫；姿媚丰腴的，选用柔毫；刚柔难分的，则选用兼毫。还有一点是写大字用大笔，写小字用小笔。小笔写大字易损笔且不能运转自如，大笔写小字则操作困难。

楷书用笔：楷书一般来说是静态的书体，运笔速度较缓慢，注重笔压的加力，因此必须选用笔锋尖齐、笔腰较强健的毛笔，所以以狼毫毛笔为佳。另有以刚度较强之狸毛、花尖毛，混合上品羊毫制成的兼毫笔也是写楷书的好毛笔，此种兼毫笔笔锋柔畅，笔腰有力富弹性，在点画、转折方面，容易收放。纯羊毫毛笔的笔性较柔，除特别嘉好者，甚少有人用来写楷书。

临摹名家字体亦需选笔，写柳体字，最好用狼毫笔，其次用兼毫笔，因柳字多露锋。欧体字用笔亦以狼毫笔、兼毫毛笔较适宜，若选用笔锋、笔颈部位较细直的笔，更易发挥字韵。颜体字大都藏锋圆浑、厚重，以兼毫笔较宜表现，如使用狼毫笔则必须选笔锋、笔颈较丰盈饱满者，只要轻按即可，若以细直的笔锋毛笔写颜体，必须加重用力，在落笔、转折、收笔之间，有深厚根基者方能达成，否则写出的字往往枯涩单调，无法显露颜体之美。

行书用笔：行书的运笔速度较快，有缓急的变化，笔画的抑扬变化较多，笔顺也稍改变，而笔画由一笔进入另一笔时，往往以线连贯，而无清楚的界线。为了把握住字体的气韵、高雅，除书家的用心外，选用的毛笔以狼毫毛笔较适宜，因其较宜把握住顿、挫、停、收、放。如使用兼毫毛笔，则以混合狼毛及狸毛所制者为佳，但所表达风味与狼毫不同，可实现书写的文字优美、圆润。羊毫毛笔在书写行书时往往不易控制，非有深厚功力者很少有人尝试。

草书用笔：草书字体，在造形上颇有自由感，每一点每一画都具有节奏，所产生的美感与趣味必须轻松流畅。所以书写草书者，多具有多年笔龄，不限制选用笔性就能随心所欲。然而，为保证书写效果，应以羊毫毛笔为首选。若使用以柔性毛料制成的兼毫笔，因为笔锋选羊毫为主材料，笔腹、笔腰配备较刚之狼毛、狸毛或牛耳毛作为支撑助力，可使笔毫柔顺流畅，笔力足，不枯涩，挥毫之下左右逢源。

隶书用笔：隶书其字体仍存篆意，多逆笔突进，字体宽扁，波砾呈露。因此，用笔必须宜于逆笔中锋书写，所以用羊毫笔或兼毫笔来书写较易表达。如果以狼毫毛笔书写，笔锋较健且尖，对于回锋、逆笔，必须更用心方能达到效果。

篆书用笔：篆书经过长期的历史演变，其字体虽有狭长、宽扁、尖削凝重之不同，但有共同的特征就是从不规则的形态而渐趋于规则的弧形圆写，从方峻的笔画变为匀称的线条，而习学篆字大都有相当笔龄，握笔相当稳健，因此可选用羊毫毛笔来书写，尤其长锋羊毫或长锋兼毫更能臻于至善境界。

（2）国画用笔：国画所用的毛笔，因各画家的习性不同而选用的毛笔也不尽相同。例如狼毫笔性刚健，弹力强，适用于画刚健的东西，如鸟的嘴、爪，花卉的枝干、叶脉，山水画的勾、勒等。为便于读者选笔，略述数种国画所使用之毛笔，仅供参考。

画梅用笔：梅之树干要老，枝要硬劲，应用狼毫毛等刚硬之笔画之。画梅花有双勾法和没骨法：双勾法是用中锋细笔分左右两笔合成一圈，应选用狼毫毛笔，以其尖健之笔性画之；没骨法是以点戳便成，可用羊毫毛笔，落笔戳点。

画兰用笔：画兰首先画兰叶，作画时用长锋兰竹笔，含墨饱满，中锋悬腕自根部往外一笔撇去，行笔要爽快利落、不可迟疑。笔力要直至叶尖，长叶要有转折，过笔要有起伏，欲达到此境界所用的毛笔称为兰竹笔，就是上等的长锋狼毫笔。此种狼毫笔，笔形顺直如春笋，笔锋、笔颈不可过于饱满，方能表达兰叶的纤细。兰花用小兰竹笔（小狼毫）或圭笔画之。

画竹用笔：画竹全用中锋，画竿写枝，笔要快速有劲，方能产生圆正浑厚的效果；竹叶要快利刚劲，才能表达竹的特性。所以选用的毛笔，应以刚性笔且笔锋尖锐者为上乘，因此以狼毫笔为画竹的主要毛笔，竹干亦可用山马笔画以增厚苍劲。

画菊用笔：菊的画法，数百年来不离勾花点叶法，画花瓣、点花蕊、画茎枝可用狼毫笔、面相笔，朵叶用羊毫毛笔。

山水用笔：山水画的线条有用中锋、有用侧锋，但总的说来要用笔有力。随着树、石、山形的变化，用笔要顿挫，起笔、收笔、曲折要灵活。所以用笔应以刚性毛笔为主，例如山马笔、牛耳毫笔、狼毫笔。水或云烟雾霭具有飘浮感，可用羊毫等软性毛笔，面积较大者可以用排笔。

6. 毛笔的保养

毛笔用完后应立即洗净余墨，以免笔锋黏结，宜挂在笔挂上，以保持笔锋的弹性。如积墨黏结或使用新笔，可用温水浸泡，不可硬性撕散或用开水浸泡，以免断锋掉头。新笔存放应装入纸盒或木盒内，并放些樟脑丸，以防虫蛀，经常晾晒，防止生霉。

（1）启用新笔，首须开笔。将买回来的笔以温水泡开，且浸水时间不可太久，至笔锋全开即可，不可使笔根胶质也化开，否则就会变成"掉毛笔"。

（2）润笔是写字前的必要工作。方法是先以清水将笔毫浸湿，之后将笔倒挂，直至笔锋恢复韧性为止，大概要数十分钟。笔保存之时必须干燥，若不经润笔即书，毫毛经顿挫重按，会变得脆而易断，弹性不佳。

（3）入墨。这"入墨"也是有很大学问的。为求入墨均匀，使墨汁能渗进笔毫，须将润笔时笔锋中吸附的水吸干，可将笔在吸水纸上轻拖，直至吸干为止。所谓"干"，并非完全干燥，只要去水以容墨即可。笔之着墨1/3即可，不得通体着墨。墨少则过干，不能运转自如；墨多则腰涨无力，锋芒不显。

（4）书写之后则需立即洗笔。墨汁有胶质，若不洗去，笔毫干后必与墨、胶坚固黏合，要再用时不易化开，且极易折损笔毫。

（5）洗净之后，先将笔毫余水吸干并理顺"同入墨之前"，再将笔悬挂于笔架上，至干燥为止。需注意置于阴凉处阴干，以保存笔毫原形及特性，不可曝于阳光下。保存笔之要领：以干燥为上。

文房四宝之二——墨

墨 指中国书写和绘画用到的墨锭。墨的主要原料是炭黑、松烟、胶等，是碳元素以非晶质形态存在。通过砚用水研磨，可以产生用于毛笔书写的墨汁。

中国墨的主要产地是安徽南部的徽州。徽墨是最有名的墨。在宋代，徽州一带就成为中国墨的制造中心。在明朝后期至清朝前期，徽墨制造空前繁荣，出现了很多制墨名家。但在清朝后期，由于太平军长期在安徽作战，致使徽墨生产几乎停滞，很多制墨手艺失传。民国时期，徽墨生产空前低落。新中国成立后，由于很多国家领导人喜欢用毛笔写字，加上国际交往的需要，周总理亲自指示恢复徽墨生产，因此在20世纪50年代出现徽墨生产的一个小高潮，开发出不少新品种，一些失传的工艺得到恢复，制墨质量也保持了相当高的水平。

墨可分为实用墨和观赏收藏墨两大类。实用墨按原料成分大致可分为油烟墨（漆烟墨）、松烟墨、精烟墨、青墨、茶墨等等。成品墨一般都会标注"某某烟"的字样。所谓烟，就是构成墨的主要成分，是燃料经过燃烧后形成的碳黑。烟粉中掺入动物胶、香料、麝香、冰片等，经过无数次捶压（*古代制墨法有"十万杵"之说*），再放到墨模中，压出造型文字，干燥后描上金银图案文字，加上包装就是成品了。整个制墨过程都是手工操作的，具体方法和配料比例等，一般属于厂家的核心商业秘密，外人不得而知。

所谓油烟，其燃料是桐油、菜籽油、胡麻油等植物油。因油类燃料燃烧后蒸发的碳黑含有脂类成分，因此墨的磨口有光泽，比较适合书画创作，书写行书、楷书笔画流畅，画山水、花鸟，墨色鲜润而有神采。

所谓松烟，是专用黄山一带的松木作燃料，取其烟制成的墨。松烟与油烟相比，乌黑但无光泽。古时取黄山多年的松木为燃料，木料中有一定松脂，所以早年的松烟墨比纯油烟的墨色更有另一番味道，这也是徽墨之所以闻名于天下的原因。但现在黄山不允许砍伐松树，因此，现在的纯松烟墨往往是松树枝燃烧的，虽乌黑但神采要差很多。松烟墨无光泽，因此一般多用于绘画，如画山水画的远山有苍茫之感，画人物的鬓发有特殊质感等等。

所谓精烟，看似一个好名字，其实是最

便宜的原料。精烟的主要成分是工业碳黑，是石油原料经过化学提炼出的制墨原料，特点是墨色乌黑，有微弱光泽，但苍白无力，价格便宜。

青墨是松烟墨中掺入了少量花青等颜料，墨色不黑，无光泽，略带青色。茶墨是松烟墨中掺入少量朱砂等颜料，墨色略带茶色。这些墨主要是用来修补古旧书画，价格也不贵，但我们进行书法绘画创作一般不用。

如果我们去选购墨锭，就经常会看到墨的顶端标注"油烟101""油烟102"等字样。这种编号是指制墨原料，从101到107，这是"文革"期间对原有的古法称呼不适用而改的。这7种墨的编号与古法名称对应关系为：（101）五石漆烟、（102）超贡烟、（103）

贡烟、（104）顶烟、（105）松烟、（106）上中单、（107）下中单。其中最好的是101，最差的是107，从101～104属于油烟墨，105是松烟，106和107是碳黑。

好墨的特点是质细、胶轻、色黑、声清、味香。质细是墨没有杂质，结构紧密；胶轻是墨中配入之胶质适中；色黑是墨色黑中透亮，有神采；声清是敲击时，声音清脆而不粗浊；味香，好墨要加入麝香、熊胆、冰片等名贵药材，因此闻起来有一股淡淡的香味。

新制造的墨含胶较重，拿来就用火气比较大，存放几年后胶性会减退。质量好的墨是不怕长时间存放的，时间越长越好用，乾隆年间的上等墨放到现在200多年了依然是神采飞扬。

文房四宝之三——纸

1. 宣纸的历史

造纸术是我国四大发明之一，它的产生对于人类文明具有非常重要的意义。现在世界上纸的品种可以万计，但"宣纸"仍然是供毛笔书画用的独特的、不可替代的文化载体。

在上古时代，祖先主要依靠结绳记事，以后渐渐发明了甲骨文，开始用甲骨作为书写

材料。后来，又利用竹片和木片以及缣帛作为书写材料。但由于缣帛太昂贵，竹片太笨重，于是便导致了纸的产生。

据考证，我国西汉时已开始了纸的制作，魏晋南北朝时期造纸技术广泛流传。隋唐时期，著名的宣纸诞生。在宣纸的主要产地安徽宣州有这么一个传说：蔡伦的徒弟孔丹，在

皖南以造纸为业，他一直想制造一种特别理想的白纸，用来替师傅画像修谱。但经过许多次的试验都不能如愿以偿。一次，他在山里偶然看到有些檀树倒在山涧旁边，因年深日久，被水浸蚀得腐烂发白。后来，他用这种树皮造纸，终于获得成功。

2. 宣纸的分类

（1）按加工方法分类：可分为为宣纸原纸和加工纸。

宣纸原纸是经过造纸最后一道"烘焙"的工艺之后，纸性就基本确定了，这种没有再进行后续加工的成品纸，即为宣纸原纸。在原纸的基础上，对纸进行改变纸面性质、外观视觉效果等再加工的纸统称为加工纸。

（2）按纸面洇墨程度分类：可分为生宣、半熟宣、熟宣。生宣的吸水性和浸水性都很强，易产生丰富的墨韵变化，写意山水多用生宣。熟宣在加工时用明矾等涂过，故纸质较生宣为硬，吸水能力弱，使用时墨和色不会洇散开来，使得熟宣宜于绘工笔画而非水墨写意画。其缺点是久藏会出现"漏矾"或脆裂。半熟宣也是从生宣加工而成的，吸水能力介乎前两者之间。

简单区分生宣和熟宣的方法，就是用水接触纸面，水分立即散开的即为生宣，凝聚基本无变化，即为熟宣，散开速度较慢的为半熟宣。

（3）按原料分类：可分为棉料、净皮、特净皮三大类。一般来说，棉料是指原材料檀皮含量在40%左右的纸，较薄、较轻；净皮是指檀皮含量达到60%以上的；特净皮是指原材料檀皮含量达到80%以上的。皮料成分越重，纸张更能经受拉力，质量也越好。对应使用效果上就是：檀皮比例越高的纸，更能体现丰富的墨迹层次和更好的润墨效果，越能经受笔力反复搓揉而纸面不会破。这或许就是为什么书法用棉料宣纸的居多、绘画用皮类纸居多的原因之一。

（4）按规格分类：可分为三尺、四尺、五尺、六尺、八尺、丈二、丈六等。

（5）按厚薄分类：可分为扎花、绵连、单宣、重单、夹宣、二层、多层等。

（6）按纸纹分类：可分为单丝路、双丝路、罗纹、龟纹、特制等。

3. 宣纸的特性

宣纸具有"韧而能润、光而不滑、洁白稠密、纹理纯净、搓折无损、润墨性强"等特点，并有独特的渗透、润滑性能。用其写字则骨神兼备，作画则神采飞扬，成为最能体现中国艺术风格的书画用纸。所谓"墨分五色"，即一笔落成，深浅浓淡，纹理可见，墨韵清晰，层次分明，这是书画家利用宣纸的润墨性，控制了水墨比例，运笔疾徐有致而达到的一种艺术效果。宣纸耐老化、不变色、少虫蛀、寿命长，故有"纸中之王、千年寿纸"的誉称。宣纸除了题诗作画外，还是书写外交照会、保存高级档案和史料的最佳用纸。我国流传至今的大量古籍珍本、名家书画墨迹，大都是用宣纸制作的，历时千年，至今仍然鲜活如初。

总的说来，宣纸的特性包括：柔韧性、湿染性、吸墨性、艰涩性、轻灵性、持久性和胶着性。

（1）柔韧性：在生宣上创作，作品完成墨迹干燥后，即使将写好的作品任意团揉，经过装裱处理后，作品依旧呈现平平展展的视觉效果。尤其在拓片制作方面，宣纸的柔韧性更是得到淋漓尽致的体现。专门用于制作拓片的扎花宣纸，薄薄的纸张贴在凹凸不平的表面上，任凭反复敲打，依然能够保持伸缩自如、裂而不断的完美状态。

（2）湿染性：到商店里购买宣纸，判断生宣与熟宣的最简单方法就是用水来检验，当水滴在宣纸上，落在纸面上的水滴逐渐向四周扩散的就是生宣，而水滴落在纸面上没有立即扩散的就是熟宣。我们把生宣显现的这种水滴逐渐向四周扩散开来的特性称作湿染性。不同的生宣纸显现的湿染性程度也有差异，这种湿染性运用在国画中可增强笔画韵味和层次感，运用到书法创作上，可以利用水墨落入纸面产生的四下流溢特性将水墨转入向内渗透，这样，留在纸张表面的墨迹渗透到纸张的内部，使得书写的字体饱满而刚柔并济，作品装裱后，水墨线条会透露出圆润的立体视觉冲击力。

（3）吸墨性：宣纸的吸墨性与其内在的结构以及所用墨液有着不可分割的关系，"水走墨留"是对这种特性恰如其分的表述，它是极其细小的"墨颗粒"与宣纸内部纤维"管道结构"的完美融合，故此，墨品（用于创作时的浆状墨液）的质量和纸张的质量便是对墨色效果影响最大的因素。

（4）艰涩性：由于宣纸有湿染性，使得在宣纸上行笔产生一种阻力，好像在生宣纸面上涂抹了防滑剂，感到摩擦力很大，不能轻而易举地进行书写，这是对初学者的一种考验，很多人为此望而却步。我们一旦超越了生宣书写的艰涩性，书写者便能体会到在这种艰涩的条件下书写产生的充实感和强烈的笔触感。如同攀登高峰，虽然艰辛万苦，但是具有挑战性的追求一直是人类勇往直前的精神所在，在书画创作领域，生宣的使用正因为其具有的书写难度，才使得书法艺术的魅力大放异彩。

（5）轻灵性：将宣纸挂在支架上，悬空着的宣纸被风吹动，轻而薄的宣纸就会飘拂起来，这是优质宣纸所表现出的一种特征。正是具有这种轻而薄的特性，太极书道开创了悬空书写训练法。悬空书写就是在悬空挂着的生宣上进行书写（绘画）创作，这种悬空书写也可说成为轻灵派书写。在纸张悬空状态下书写，由于宣纸无法固定下来，毛笔不能在飘拂的纸面上着实用力，于是，如何在轻而薄的生宣面上写出沉着痛快的作品来，就成为轻灵派书写的"绝妙"之处。通过悬空纸张书写，我们能更深地体会柔软的毛笔和特殊的水墨效果以及生宣纸之间的关联，能够体会到创作中意识作用的重要性。没有宣纸这种轻灵性，太极书道的实践就没有办法实现。

（6）持久性：由于宣纸在生产的过程中，最大程度地剔除了性质不稳定的木质素、蛋白质等元素，保留下来的几乎是相对稳定的纤维，所以宣纸性质稳定。另一方面，是因纯净而不易招惹虫蛀，是自古以来可以保存时间最长的纸质文化载体。纸寿千年说的就是这种特性。

（7）胶着性：把晾干字迹后的生宣纸泡在清水里，即使泡上半天，着墨的生宣纸也不会发生跑墨现象，即墨汁不会因为水的浸泡而发生墨汁化开的问题，这种特性就是宣纸的胶着性。生宣纸正是具备了胶着性使得书画装裱后更显艺术美感。生宣纸具有的胶着性与前面说到的吸墨性有相关的内在关系，这种胶着性的前提在于生宣纸具有较强的吸墨性，即使你用干燥了的写过字的生宣纸擦手，手上也不会沾染上墨迹。

4. 优劣辨别

使用宣纸，应具备一些识别优、劣宣纸的基础知识。

宣纸的好坏，主要是看在制作过程中檀皮的用量。这个过程我们通常无法见到。所以无法从这上面分辨。通常辨别宣纸好坏主要看以下几点：

（1）对着光照，看宣纸上的云彩花多不多、匀不匀，多的、匀的就好，反之则差。据业内人士讲，檀皮含量大的宣纸，云彩花就多。

（2）摸手感，厚实，绵软，不宜拉断。因为檀木纤维比较结实，且软硬适中。

（3）用墨汁实验，滴上浓墨后，墨点晕开成圆形，边缘较齐整的就好，不是圆形，且边缘有锯齿的就差。

（4）用淡墨，层次分明；用重墨，色彩鲜亮；用积墨，能层层深入。这些就是好宣纸，反之则差。

其实宣纸的好坏还主要看自己的需要，画山水用宣纸一般选用不太吸水的，画花鸟一般不用太厚的。还有作画的题材不同，对宣纸的要求也不一样。用得多了，自然就知道好与坏了，开始的时候是看不出来的，直接看价格就可以了。

参考文献

[1]吕麟素. 中国砚石资源及开发利用[J]. 地质与勘探, 1997(33).

[2]温永文. 广东肇庆端溪砚石矿床地质特征及成因浅析[J]. 矿业工程, 第8卷第4期.

[3]郑辙. 中国歙砚的自磨刃发墨理论[J]. 科学通报, 第17期.

[4]张莹. 歙砚的宝石矿物学特征研究[J]. 宝石和宝石学杂志, 第10卷第3期.

[5]杨春霞. 甘肃卓尼喇嘛崖洮砚地质特征及成因[J]. 矿产与地质, 第24卷第4期.

[6]安令梅. 澄泥砚的历史造型研究[J]. 山西经济日报, 2011.07.03.

[7]张希雨. 鲁砚及其特征[J]. 山东地质, 第9卷第1期.

[8]孙江浩. 鲁砚的基本特征及形成的主要地质环境[J]. 山东国土资源, 第29卷第5期.